# 초등 매일 공부의 힘

## 실천법

가나

# 초등 플래너, 이렇게 활용하세요!

## '내 삶의 주인은 나'

나의 하루는 내가 만듭니다. 올 한 해 동안 더욱 멋진 내가 되기 위한 목표, 소원, 계획을 스스로 고민하고 결정하여 적어보는 플래너입니다. 계획은 지키지 못할 수도, 변경될 수도 있지만 계획을 세워보며 고민한 시간은 온전히 나의 재산이 됩니다.

## '이렇게 행동하겠습니다'

나는 올해 어떤 사람이 되기 위해 노력할 건가요? 더 멋진 나, 쑥쑥 성장할 나를 기대하며 1년간 노력할 나의 모습을 그려보세요.

## '이렇게 공부하겠습니다'

재미없고 어렵고 하기 싫고 지루하지만 한 번 멋지게 도전해볼까요? 과목별로 올 한 해 도전할 목표를 정해 보세요. 이루었을 때의 성취감은 도전하는 사람에게만 허락되는 특별한 행복이랍니다.

## '성공의 탑 쌓기'

과목별로 나누어 매월 꾸준히 탑을 쌓아 보세요. 목표치를 달성할 때마다 예쁘게 칠하고 꼭대기까지 탑을 쌓는 겁니다. 탑을 다 쌓고 나면 부모님께 받고 싶은 상을 정하여 적어 보세요. 올 한 해, 몇 개의 탑을 쌓게 될까요?

## '얼마나 읽었나요?'

1년간 읽은 책의 제목을 기록해 봅니다. 1년 동안, 나는 어떤 책을 얼마나 읽게 될까요? 쌓여가는 책들만큼 내 마음도 생각도 쑥쑥 자라고 있답니다.

* **GOAL** 이루고 싶은 나만의 목표, 꿈, 바람, 소원, 기대
* **CANDY** 이루었을 때 부모님께 받고 싶은 선물, 시간, 여행, 자유, 현금
* **EVENT** 이 달, 이 주에 있을 특별한 일, 약속, 행사, 모임

# 20 년

# STUDENT PLANNER

년 후, 가 될

천재 의

엄청나게 멋진 계획입니다!

저는 올 한 해 동안

혹시 이것을 우연히 주우셨다면

꼭 연락 주세요, 감사합니다!

## ✿ 과목별 공부법 핵심 포인트 ✿

## 이렇게 행동하겠습니다!

습관

공부

운동

취미

여행

친구

예절

게임

경제

선행

독서

정리

# 이렇게 공부하겠습니다!

| 구분 | 과제 | 목표 | 확인 |
|---|---|---|---|
| 국어 | 1. | | ☺ |
| | 2. | | ☺ |
| 독서 | 1. | | ☺ |
| | 2. | | ☺ |
| 글쓰기 | 1. | | ☺ |
| | 2. | | ☺ |
| 수학 | 1. | | ☺ |
| | 2. | | ☺ |
| 영어 | 1. | | ☺ |
| | 2. | | ☺ |
| 사회 | 1. | | ☺ |
| | 2. | | ☺ |
| 과학 | 1. | | ☺ |
| | 2. | | ☺ |
| 그외 과목 | 1. | | ☺ |
| | 2. | | ☺ |

_____학년 _____반 _____학기

| | 월요일 MONDAY | 화요일 TUESDAY | 수요일 WEDNESDAY | 목요일 THURSDAY | 금요일 FRIDAY |
|---|---|---|---|---|---|
| 9:00 | | | | | |
| 10:00 | | | | | |
| 11:00 | | | | | |
| 12:00 | | | | | |
| 1:00 | | | | | |
| 2:00 | | | | | |
| 3:00 | | | | | |
| 4:00 | | | | | |
| 5:00 | | | | | |
| 6:00 | | | | | |
| 7:00 | | | | | |
| 8:00 | | | | | |

☺ 학원/학습지

학년 반 학기

| | 월요일 MONDAY | 화요일 TUESDAY | 수요일 WEDNESDAY | 목요일 THURSDAY | 금요일 FRIDAY |
|---|---|---|---|---|---|
| 9:00 | | | | | |
| 10:00 | | | | | |
| 11:00 | | | | | |
| 12:00 | | | | | |
| 1:00 | | | | | |
| 2:00 | | | | | |
| 3:00 | | | | | |
| 4:00 | | | | | |
| 5:00 | | | | | |
| 6:00 | | | | | |
| 7:00 | | | | | |
| 8:00 | | | | | |

☺ 학원/학습지

## 공부 계획 세우는 법

부모님이 시키는 공부를 매일 성실하게 하는 것도 칭찬받을 일이지만 그보다 훨씬 더 중요한 건 스스로 계획을 세우고 점검하는 일이에요. 이제껏 부모님이 하라고 하는 대로만 공부했었다면 이제 직접 계획해보세요. 계획을 세우고 지키는 일은 마치 달리기 연습처럼 처음엔 오래 걸리고 엉망이지만, 매일 반복하다 보면 어느새 나만의 방법과 자신감이 생긴답니다. 그래서 맘에 쏙 들지 않거나 지키기 어려운 계획이라도 '내가', '직접' 세우고 실천해 보는 과정이 필요한 거예요. 우리는 이 플래너와 함께 '계획 세우기' 연습을 하는 거고요, '계획 세우기 천재'가 되어 한 발자국씩 꿈을 향해 가까이 가게 될 거예요. 선생님도 응원할게요.

**1. 중요한 공부와 덜 중요한 공부를 나눠보세요.**

지금 나의 학년, 이제까지 공부해왔던 양에 맞추어 '매일 해야 하는 중요한 공부'와 '일주일에 한두 번 정도만 해도 되는 공부'로 나누어 보세요. 이때만큼은 반드시 부모님의 도움이 필요합니다. 내가 잘 모르고 결정하는 바람에 더 중요한 공부를 놓치거나 덜 중요한 공부 때문에 시간을 낭비할 수 있거든요.

**2. '매일 해야 하는 중요한 공부'를 얼마나 할지 결정하세요.**

과목의 특성, 공부할 수 있는 시간, 과목별 공부 속도 등을 생각해서 '매일 30분'처럼 시간으로 정하거나 '매일 한쪽'처럼 양으로 정하세요.

**3. '일주일에 한두 번 정도만 해도 되는 공부'를 얼마나 할지 결정하세요.**

일주일에 한 번, 두 번, 세 번처럼 몇 번 할지 정하고 어느 요일에 할지도 정해보세요. 학교가 늦게 끝나거나 운동, 악기 수업이 있는 날에는 실제로 내가 공부할 수 있는 시간이 어느 정도 되는지를 확인하는 것도 중요합니다.

**4. 주말 계획도 세워보세요.**

어떤 과목을 유지하고, 어떤 과목은 뺄지, 독서, 운동, 악기처럼 특별한 과목을 위한 시간을 어느 정도 잡을지 생각해 보세요. 엄마가 시키는 대로만 하지 말고, 내가 주말을 계획하고 적극적으로 실천해 보세요. 내가 계획하면 내가 지키게 되고요, 엄마가 시키면 며칠 못 갑니다. 아래의 예시처럼 계획해보세요.

**<4학년 계획표 예시>**

| 월 | 화 | 수 | 목 | 금 | 주말 |
|---|---|---|---|---|---|
| 연산 한쪽<br>영어책 30분 | 연산 한쪽<br>영어책 30분 | 연산 한쪽<br>영어책 30분 | 연산 한쪽<br>영어책 30분 | 연산 한쪽<br>영어책 30분 | 독서 2시간<br>가족 산책 |
| 영어 동영상<br>수학복습<br>일기 쓰기<br>독서 30분<br>줄넘기<br>한자 | 영어 동영상<br>수학복습<br>일기 쓰기<br>독서 30분<br>줄넘기<br>축구 연습 | 영어 동영상<br>수학복습<br>일기 쓰기<br>독서 30분<br>줄넘기<br>사고력 수학 | 영어 동영상<br>수학복습<br>일기 쓰기<br>독서 30분<br>줄넘기<br>영어 일기 | 영어 동영상<br>수학복습<br>일기 쓰기<br>독서 30분<br>줄넘기<br>역사 공부 | 피아노 연습 |

# 년 월

| 일요일 SUNDAY | 월요일 MONDAY | 화요일 TUESDAY | 수요일 WEDNESDAY | 목요일 THURSDAY | 금요일 FRIDAY | 토요일 SATURDAY |
| --- | --- | --- | --- | --- | --- | --- |
| | | | | | | |
| | | | | | | |
| | | | | | | |
| | | | | | | |
| | | | | | | |

"100번만 반복하면 그것이 당신 인생의 무기가 된다"

GOAL:

CANDY:

EVENT:

# 성공의 탑 쌓기

| CANDY | | | | | | | | |
|---|---|---|---|---|---|---|---|---|
| 30일 | | | | | | | | |
| 29일 | | | | | | | | |
| 28일 | | | | | | | | |
| 27일 | | | | | | | | |
| 26일 | | | | | | | | |
| 25일 | | | | | | | | |
| 24일 | | | | | | | | |
| 23일 | | | | | | | | |
| 22일 | | | | | | | | |
| 21일 | | | | | | | | |
| 20일 | | | | | | | | |
| 19일 | | | | | | | | |
| 18일 | | | | | | | | |
| 17일 | | | | | | | | |
| 16일 | | | | | | | | |
| 15일 | | | | | | | | |
| 14일 | | | | | | | | |
| 13일 | | | | | | | | |
| 12일 | | | | | | | | |
| 11일 | | | | | | | | |
| 10일 | | | | | | | | |
| 9일 | | | | | | | | |
| 8일 | | | | | | | | |
| 7일 | | | | | | | | |
| 6일 | | | | | | | | |
| 5일 | | | | | | | | |
| 4일 | | | | | | | | |
| 3일 | | | | | | | | |
| 2일 | | | | | | | | |
| 1일 | | | | | | | | |
| 과목 | | | | | | | | |

# 월 주

| 날짜 | 요일 | 오늘 할 공부 | 확인 | 날짜 | 요일 | 오늘 할 공부 | 확인 |
|---|---|---|---|---|---|---|---|
| | | | ☺ | | | | ☺ |
| | 월 | | ☺ | | 금 | | ☺ |
| | | | ☺ | | | | ☺ |
| | | | ☺ | | | | ☺ |
| | 화 | | ☺ | | 토 | | ☺ |
| | | | ☺ | | | | ☺ |
| | | | ☺ | | | | ☺ |
| | 수 | | ☺ | | 일 | | ☺ |
| | | | ☺ | | | | ☺ |
| | | | ☺ | 칭찬 폭탄 | | | ☺ |
| | 목 | | ☺ | | | | |
| | | | ☺ | | | | |

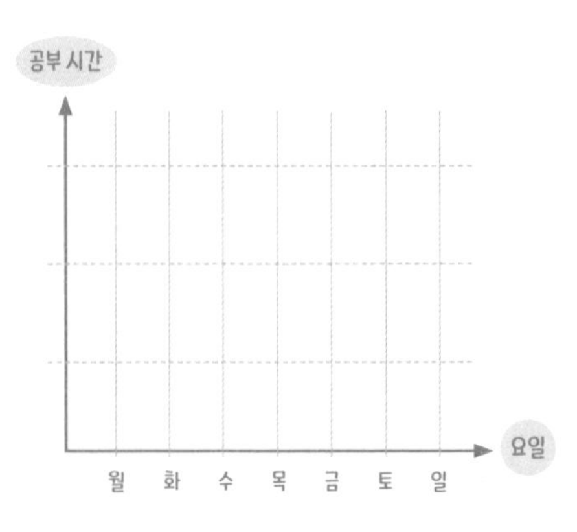


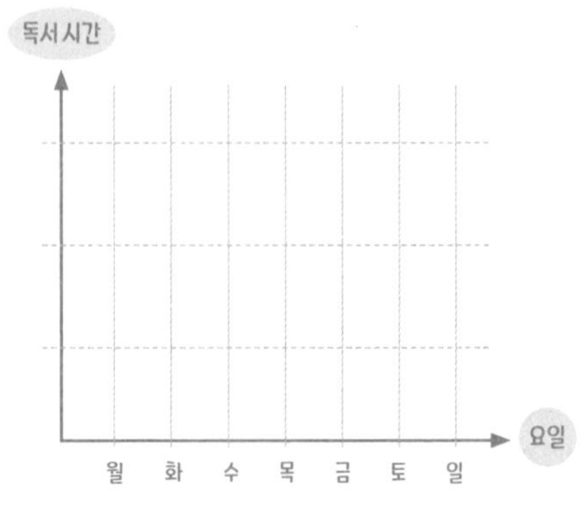


※ 요일별로 공부와 독서 시간을 그래프로 그려보세요.

## 월 주

| 날짜 | 요일 | 오늘 할 공부 | 확인 | 날짜 | 요일 | 오늘 할 공부 | 확인 |
|---|---|---|---|---|---|---|---|
| | 월 | | ☺ | | 금 | | ☺ |
| | | | ☺ | | | | ☺ |
| | | | ☺ | | | | ☺ |
| | 화 | | ☺ | | 토 | | ☺ |
| | | | ☺ | | | | ☺ |
| | | | ☺ | | | | ☺ |
| | 수 | | ☺ | | 일 | | ☺ |
| | | | ☺ | | | | ☺ |
| | | | ☺ | | | | ☺ |
| | 목 | | ☺ | 칭찬 폭탄 | | | ☺ |
| | | | ☺ | | | | |
| | | | ☺ | | | | |

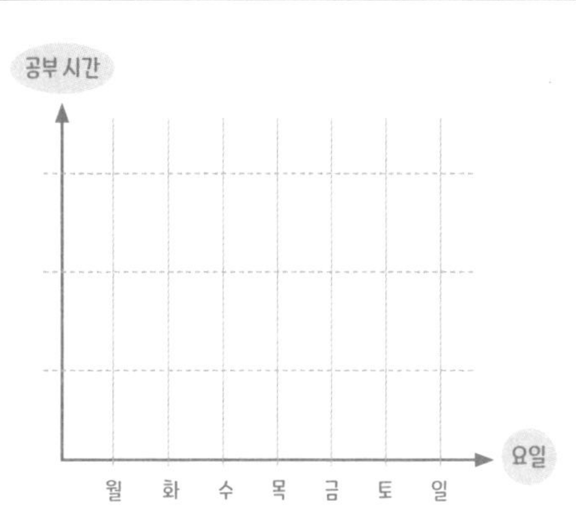


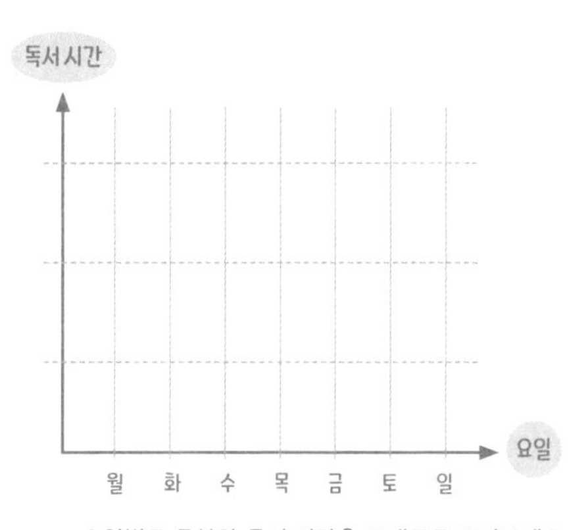


※ 요일별로 공부와 독서 시간을 그래프로 그려보세요.

# 월 주

| 날짜 | 요일 | 오늘 할 공부 | 확인 | 날짜 | 요일 | 오늘 할 공부 | 확인 |
|---|---|---|---|---|---|---|---|
| | 월 | | ☺ | | 금 | | ☺ |
| | | | ☺ | | | | ☺ |
| | | | ☺ | | | | ☺ |
| | 화 | | ☺ | | 토 | | ☺ |
| | | | ☺ | | | | ☺ |
| | | | ☺ | | | | ☺ |
| | 수 | | ☺ | | 일 | | ☺ |
| | | | ☺ | | | | ☺ |
| | | | ☺ | | | | ☺ |
| | 목 | | ☺ | 칭찬 폭탄 | | | ☺ |
| | | | ☺ | | | | |
| | | | ☺ | | | | |

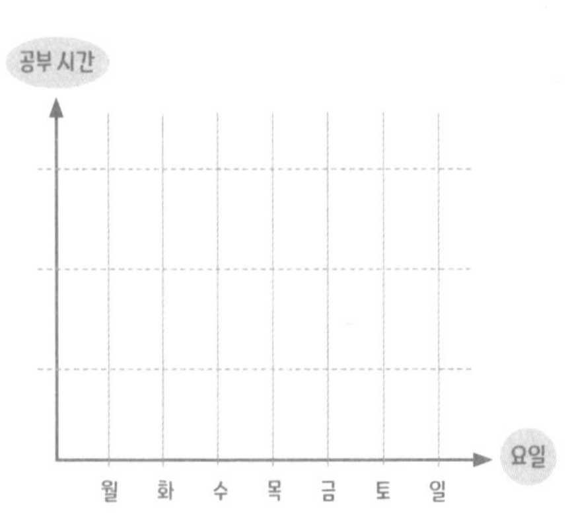


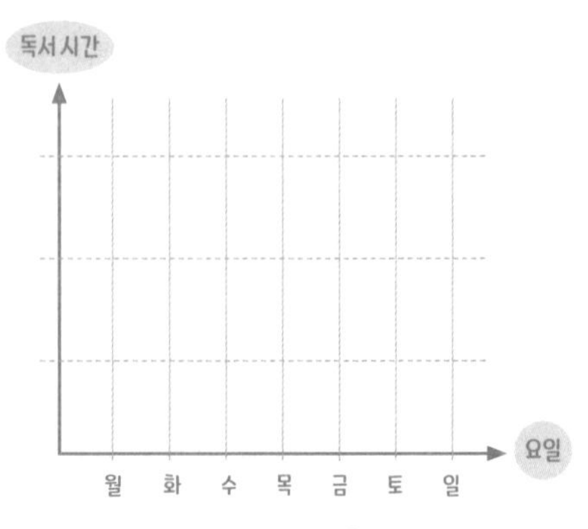


※ 요일별로 공부와 독서 시간을 그래프로 그려보세요.

월 주

| 날짜 | 요일 | 오늘 할 공부 | 확인 |
| --- | --- | --- | --- |
| | 월 | | ☺ |
| | | | ☺ |
| | | | ☺ |
| | 화 | | ☺ |
| | | | ☺ |
| | | | ☺ |
| | 수 | | ☺ |
| | | | ☺ |
| | | | ☺ |
| | 목 | | ☺ |
| | | | ☺ |
| | | | ☺ |

| 날짜 | 요일 | 오늘 할 공부 | 확인 |
| --- | --- | --- | --- |
| | 금 | | ☺ |
| | | | ☺ |
| | | | ☺ |
| | 토 | | ☺ |
| | | | ☺ |
| | | | ☺ |
| | 일 | | ☺ |
| | | | ☺ |
| | | | ☺ |
| 칭찬 폭탄 | | | ☺ |

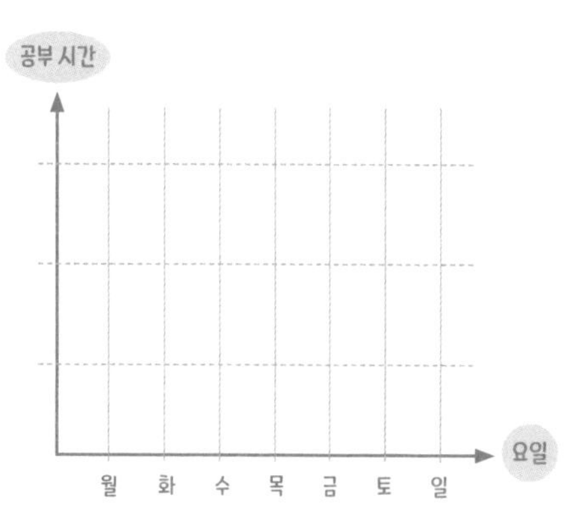


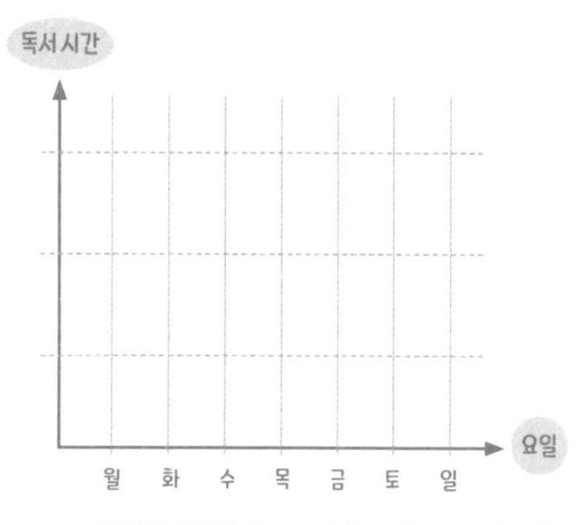


※ 요일별로 공부와 독서 시간을 그래프로 그려보세요.

# 월 주

| 날짜 | 요일 | 오늘 할 공부 | 확인 | 날짜 | 요일 | 오늘 할 공부 | 확인 |
|---|---|---|---|---|---|---|---|
| | 월 | | ☺ | | 금 | | ☺ |
| | | | ☺ | | | | ☺ |
| | | | ☺ | | | | ☺ |
| | 화 | | ☺ | | 토 | | ☺ |
| | | | ☺ | | | | ☺ |
| | | | ☺ | | | | ☺ |
| | 수 | | ☺ | | 일 | | ☺ |
| | | | ☺ | | | | ☺ |
| | | | ☺ | | | | ☺ |
| | 목 | | ☺ | 칭찬 폭탄 | | | ☺ |
| | | | ☺ | | | | |
| | | | ☺ | | | | |

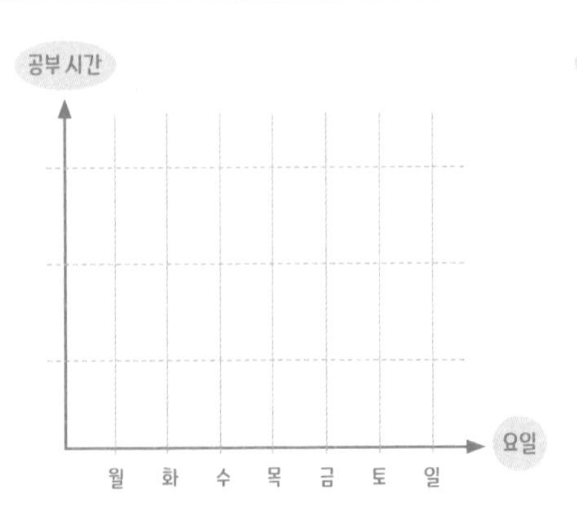


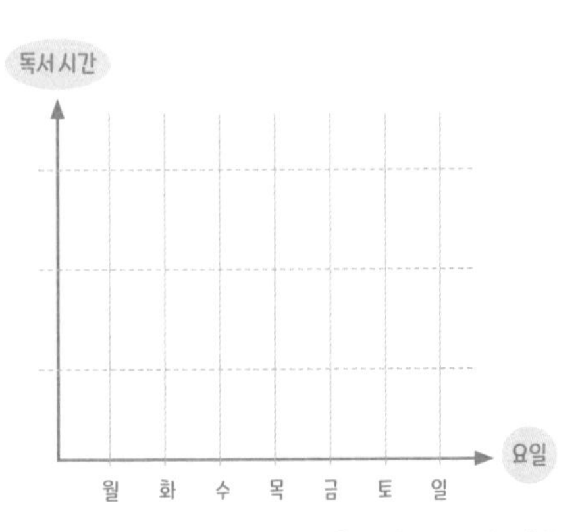


※ 요일별로 공부와 독서 시간을 그래프로 그려보세요.

이번 달도 최선을 다한
사랑하는 우리 귀염둥이에게

## 년 월

| 일요일 SUNDAY | 월요일 MONDAY | 화요일 TUESDAY | 수요일 WEDNESDAY | 목요일 THURSDAY | 금요일 FRIDAY | 토요일 SATURDAY |
| --- | --- | --- | --- | --- | --- | --- |
| | | | | | | |
| | | | | | | |
| | | | | | | |
| | | | | | | |
| | | | | | | |

"100번만 반복하면 그것이 당신 인생의 무기가 된다"

GOAL:

CANDY:

EVENT:

# 성공의 탑 쌓기

| CANDY | | | | | | | | |
|---|---|---|---|---|---|---|---|---|
| 30일 | | | | | | | | |
| 29일 | | | | | | | | |
| 28일 | | | | | | | | |
| 27일 | | | | | | | | |
| 26일 | | | | | | | | |
| 25일 | | | | | | | | |
| 24일 | | | | | | | | |
| 23일 | | | | | | | | |
| 22일 | | | | | | | | |
| 21일 | | | | | | | | |
| 20일 | | | | | | | | |
| 19일 | | | | | | | | |
| 18일 | | | | | | | | |
| 17일 | | | | | | | | |
| 16일 | | | | | | | | |
| 15일 | | | | | | | | |
| 14일 | | | | | | | | |
| 13일 | | | | | | | | |
| 12일 | | | | | | | | |
| 11일 | | | | | | | | |
| 10일 | | | | | | | | |
| 9일 | | | | | | | | |
| 8일 | | | | | | | | |
| 7일 | | | | | | | | |
| 6일 | | | | | | | | |
| 5일 | | | | | | | | |
| 4일 | | | | | | | | |
| 3일 | | | | | | | | |
| 2일 | | | | | | | | |
| 1일 | | | | | | | | |
| 과목 | | | | | | | | |

# 월 주

| 날짜 | 요일 | 오늘 할 공부 | 확인 |
|---|---|---|---|
| | 월 | | |
| | | | |
| | | | |
| | 화 | | |
| | | | |
| | | | |
| | 수 | | |
| | | | |
| | | | |
| | 목 | | |
| | | | |
| | | | |

| 날짜 | 요일 | 오늘 할 공부 | 확인 |
|---|---|---|---|
| | 금 | | |
| | | | |
| | | | |
| | 토 | | |
| | | | |
| | | | |
| | 일 | | |
| | | | |
| | | | |
| 칭찬 폭탄 | | | |

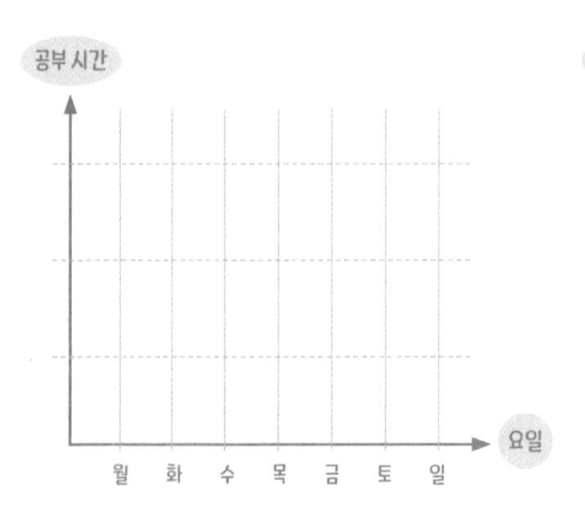


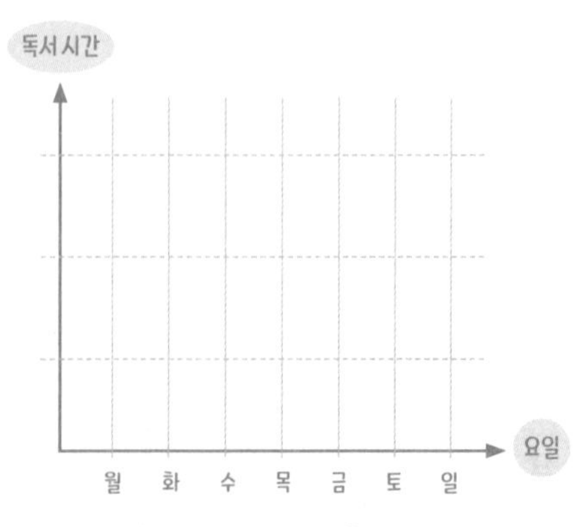


※ 요일별로 공부와 독서 시간을 그래프로 그려보세요.

월 주

| 날짜 | 요일 | 오늘 할 공부 | 확인 | 날짜 | 요일 | 오늘 할 공부 | 확인 |
|---|---|---|---|---|---|---|---|
| | | | ☺ | | | | ☺ |
| | 월 | | ☺ | | 금 | | ☺ |
| | | | ☺ | | | | ☺ |
| | | | ☺ | | | | ☺ |
| | 화 | | ☺ | | 토 | | ☺ |
| | | | ☺ | | | | ☺ |
| | | | ☺ | | | | ☺ |
| | 수 | | ☺ | | 일 | | ☺ |
| | | | ☺ | | | | ☺ |
| | | | ☺ | 칭찬 폭탄 | | | ☺ |
| | 목 | | ☺ | | | | |
| | | | ☺ | | | | |

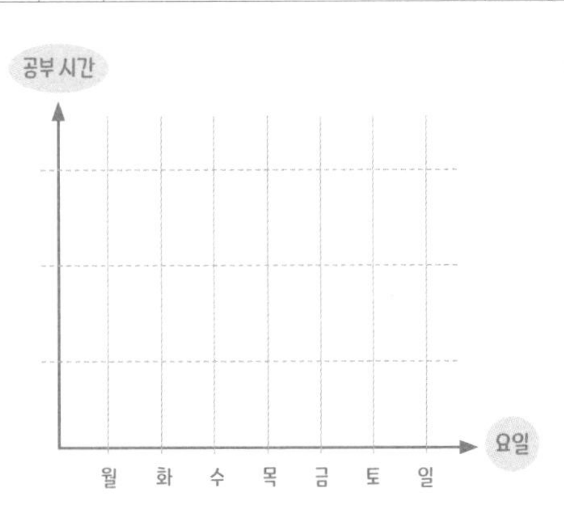


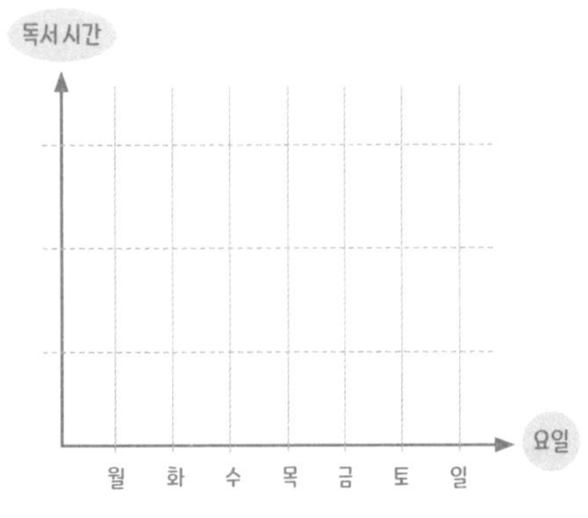


※ 요일별로 공부와 독서 시간을 그래프로 그려보세요.

## 월 주

| 날짜 | 요일 | 오늘 할 공부 | 확인 | 날짜 | 요일 | 오늘 할 공부 | 확인 |
|---|---|---|---|---|---|---|---|
| | 월 | | ☺ | | 금 | | ☺ |
| | | | ☺ | | | | ☺ |
| | | | ☺ | | | | ☺ |
| | 화 | | ☺ | | 토 | | ☺ |
| | | | ☺ | | | | ☺ |
| | | | ☺ | | | | ☺ |
| | 수 | | ☺ | | 일 | | ☺ |
| | | | ☺ | | | | ☺ |
| | | | ☺ | | | | ☺ |
| | 목 | | ☺ | 칭찬 폭탄 | | | ☺ |
| | | | ☺ | | | | |
| | | | ☺ | | | | |

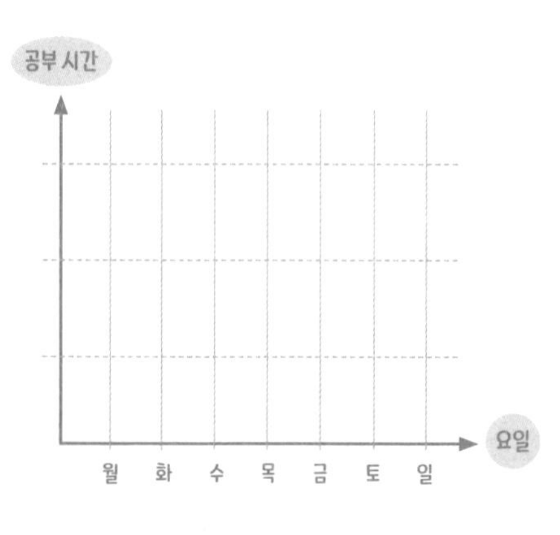


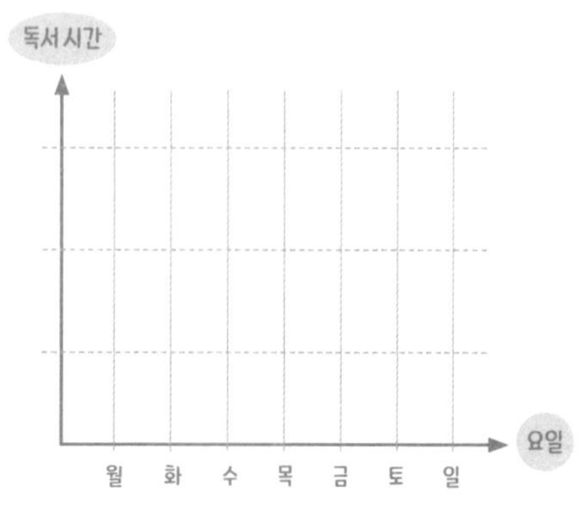


※ 요일별로 공부와 독서 시간을 그래프로 그려보세요.

## 월 주

| 날짜 | 요일 | 오늘 할 공부 | 확인 | 날짜 | 요일 | 오늘 할 공부 | 확인 |
|---|---|---|---|---|---|---|---|
| | 월 | | ☺ | | 금 | | ☺ |
| | | | ☺ | | | | ☺ |
| | | | ☺ | | | | ☺ |
| | 화 | | ☺ | | 토 | | ☺ |
| | | | ☺ | | | | ☺ |
| | | | ☺ | | | | ☺ |
| | 수 | | ☺ | | 일 | | ☺ |
| | | | ☺ | | | | ☺ |
| | | | ☺ | | | | ☺ |
| | 목 | | ☺ | 칭찬 폭탄 | | | ☺ |
| | | | ☺ | | | | |
| | | | ☺ | | | | |

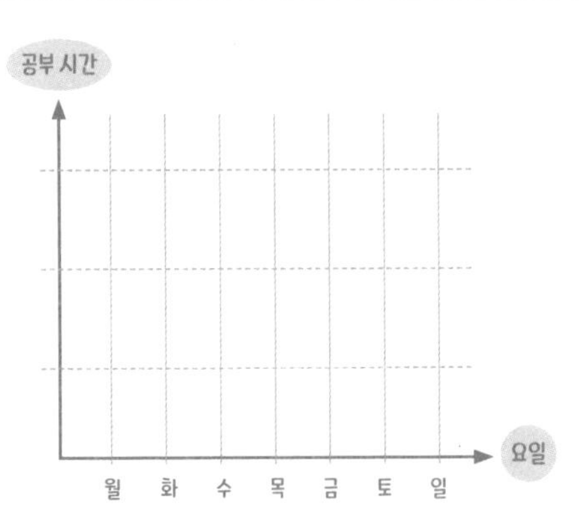


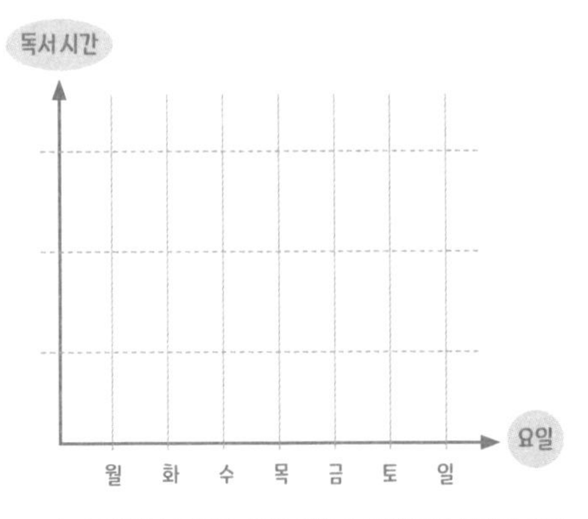


※ 요일별로 공부와 독서 시간을 그래프로 그려보세요.

# 월 주

| 날짜 | 요일 | 오늘 할 공부 | 확인 | 날짜 | 요일 | 오늘 할 공부 | 확인 |
|---|---|---|---|---|---|---|---|
| | 월 | | ☺ | | 금 | | ☺ |
| | | | ☺ | | | | ☺ |
| | | | ☺ | | | | ☺ |
| | 화 | | ☺ | | 토 | | ☺ |
| | | | ☺ | | | | ☺ |
| | | | ☺ | | | | ☺ |
| | 수 | | ☺ | | 일 | | ☺ |
| | | | ☺ | | | | ☺ |
| | | | ☺ | | | | ☺ |
| | 목 | | ☺ | 칭찬 폭탄 | | | ☺ |
| | | | ☺ | | | | |
| | | | ☺ | | | | |

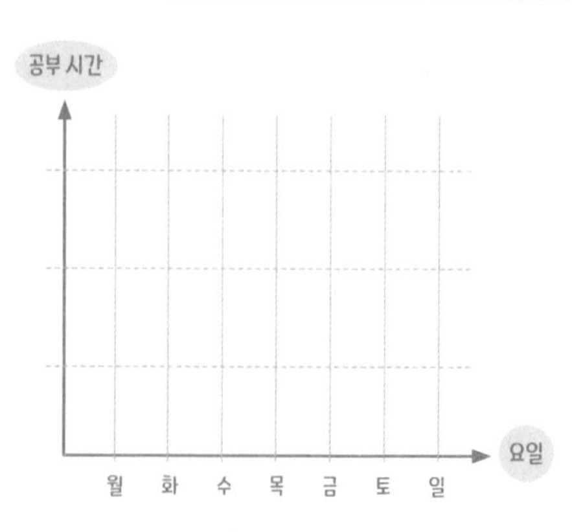


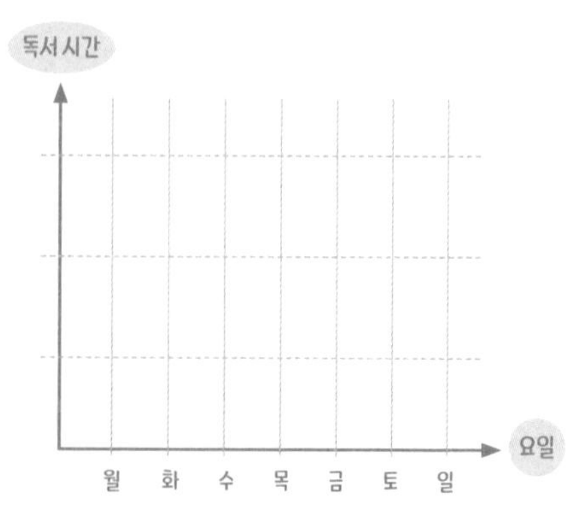


※ 요일별로 공부와 독서 시간을 그래프로 그려보세요.

이번 달도 최선을 다한
사랑하는 우리 귀염둥이에게♡

## 국어 영역별 공부법

국어는 모든 공부의 기본이라는 사실, 잘 알고 있죠? 이렇게 중요한 국어를 잘하기 위한 가장 중요하고 확실한 방법은 독서라는 것도 알고 있을 거예요. 국어라는 과목 안에는 몇 가지의 영역들이 포함되어 있어 영역별로 공부법을 알고 있으면, 훨씬 더 높은 효과를 볼 수 있답니다.

### 1. 읽기(독해)

국어 공부의 핵심인 독해는요, '문제를 정확히 읽는 것'이 핵심이에요. 문제에 나오는 글을 읽고 아래에 나오는 문제를 풀 때, 문제에서 질문하고 있는 내용이 무엇인지 정확하게 파악하고 있어야 해요. 위의 글을 잘 읽고도 문제를 제대로 읽지 않아 다 아는 내용, 이미 교과서에 나왔던 문제도 놓치는 경우가 많거든요.

### 2. 쓰기(일기)

초등 시기에 다양한 종류의 글을 써보는 경험은 지금의 국어 실력에도 도움이 되지만 여러분들이 어른이 되어 꿈을 이루는데 중요한 수단이 되기도 합니다. 글쓰기는 그 누구도 단번에 실력이 좋아지기 어렵습니다. 그래서 실력이 느는 가장 빠른 방법이자 가장 중요한 일은 매일의 글쓰기 습관이랍니다. 일기장을 하루 있었던 일만 기록하는 공책으로 사용하지 말고, 내가 쓰고 싶은 모든 글을 자유롭게 담는 '자유 글쓰기' 기록장으로 생각해 보세요. 어떤 종류의 글도 좋으니 날마다 한 편씩의 글을 쓰겠다는 마음으로 글을 모아보세요.

### 3. 어휘력 기르기

책을 읽다가, 텔레비전을 보다가 모르는 단어가 나오면 퀴즈를 푸는 마음으로 즐겁게 고민해보세요. '무슨 뜻일까?' 머릿속으로 생각해 보고 단어의 뜻을 짐작해본 후, 주변에 계신 어른들께 질문하거나, 사전을 펼쳐 내가 퀴즈를 잘 풀었는지 확인해 보세요. (종이로 된 국어사전이 있으면 좋고요, 없다면 인터넷, 스마트폰 사전도 가능합니다) 새로이 알게 된 어휘가 있다면 자주 사용해보세요. 부모님과 대화할 때, 글을 쓸 때, 동생에게 설명할 때 자주 사용하면 할수록 나와 친숙해지고 나의 어휘력은 높아져 간답니다.

### 4. 글씨쓰기

또박또박 바르게 쓴 글씨를 보고 칭찬하지 않을 사람은 없습니다. 글씨를 빠르게 쓰는 것도 좋지만 그보다 중요한 건 또박또박 힘주어 쓰는 일입니다. 처음 연필을 잡고 긴 글을 정성 들여 쓰다 보면 팔이 아프고 손가락도 아플 거에요. 그런데 신기하게도 매일 연필을 잡고 쓰는 습관이 생기면 조금씩 아프다는 생각보다는 내가 쓴 멋진 글씨를 보면서 뿌듯한 마음이 커질 거예요. 초등학교 시절에 만든 멋진 글씨체는 평생 계속되고요, 언제 어디서나 사람들 앞에서 자랑스럽게 쓸 수 있는 자신감이 되어 준답니다.

## 년 월

| 일요일 SUNDAY | 월요일 MONDAY | 화요일 TUESDAY | 수요일 WEDNESDAY | 목요일 THURSDAY | 금요일 FRIDAY | 토요일 SATURDAY |
|---|---|---|---|---|---|---|
| | | | | | | |
| | | | | | | |
| | | | | | | |
| | | | | | | |
| | | | | | | |

"100번만 반복하면 그것이 당신 인생의 무기가 된다"

GOAL:

CANDY:

EVENT:

# 성공의 탑 쌓기

| CANDY | | | | | | | | |
|---|---|---|---|---|---|---|---|---|
| 30일 | | | | | | | | |
| 29일 | | | | | | | | |
| 28일 | | | | | | | | |
| 27일 | | | | | | | | |
| 26일 | | | | | | | | |
| 25일 | | | | | | | | |
| 24일 | | | | | | | | |
| 23일 | | | | | | | | |
| 22일 | | | | | | | | |
| 21일 | | | | | | | | |
| 20일 | | | | | | | | |
| 19일 | | | | | | | | |
| 18일 | | | | | | | | |
| 17일 | | | | | | | | |
| 16일 | | | | | | | | |
| 15일 | | | | | | | | |
| 14일 | | | | | | | | |
| 13일 | | | | | | | | |
| 12일 | | | | | | | | |
| 11일 | | | | | | | | |
| 10일 | | | | | | | | |
| 9일 | | | | | | | | |
| 8일 | | | | | | | | |
| 7일 | | | | | | | | |
| 6일 | | | | | | | | |
| 5일 | | | | | | | | |
| 4일 | | | | | | | | |
| 3일 | | | | | | | | |
| 2일 | | | | | | | | |
| 1일 | | | | | | | | |
| 과목 | | | | | | | | |

# 월 주

| 날짜 | 요일 | 오늘 할 공부 | 확인 | 날짜 | 요일 | 오늘 할 공부 | 확인 |
|---|---|---|---|---|---|---|---|
| | 월 | | ☺ | | 금 | | ☺ |
| | | | ☺ | | | | ☺ |
| | | | ☺ | | | | ☺ |
| | 화 | | ☺ | | 토 | | ☺ |
| | | | ☺ | | | | ☺ |
| | | | ☺ | | | | ☺ |
| | 수 | | ☺ | | 일 | | ☺ |
| | | | ☺ | | | | ☺ |
| | | | ☺ | | | | ☺ |
| | 목 | | ☺ | 칭찬 폭탄 | | | ☺ |
| | | | ☺ | | | | |
| | | | ☺ | | | | |

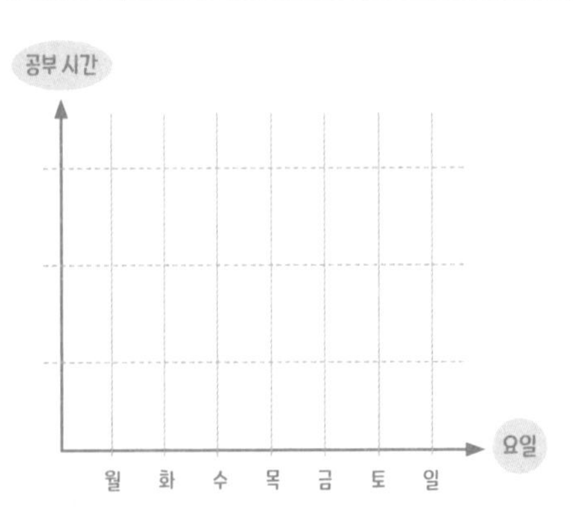


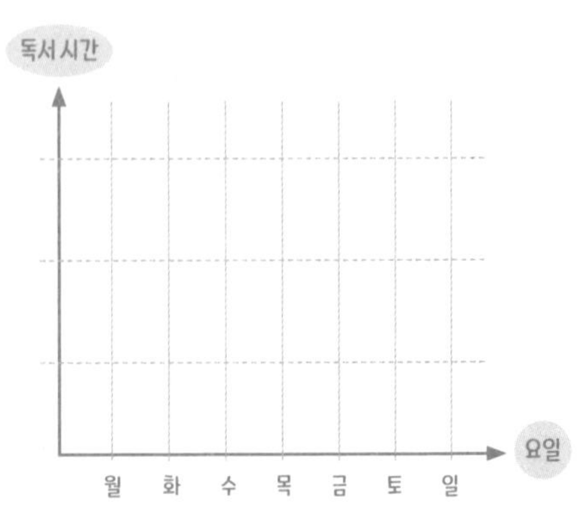


※ 요일별로 공부와 독서 시간을 그래프로 그려보세요.

월 주

| 날짜 | 요일 | 오늘 할 공부 | 확인 | 날짜 | 요일 | 오늘 할 공부 | 확인 |
|---|---|---|---|---|---|---|---|
| | 월 | | ☺ | | 금 | | ☺ |
| | | | ☺ | | | | ☺ |
| | | | ☺ | | | | ☺ |
| | 화 | | ☺ | | 토 | | ☺ |
| | | | ☺ | | | | ☺ |
| | | | ☺ | | | | ☺ |
| | 수 | | ☺ | | 일 | | ☺ |
| | | | ☺ | | | | ☺ |
| | | | ☺ | | | | ☺ |
| | 목 | | ☺ | 칭찬 폭탄 | | | ☺ |
| | | | ☺ | | | | |
| | | | ☺ | | | | |

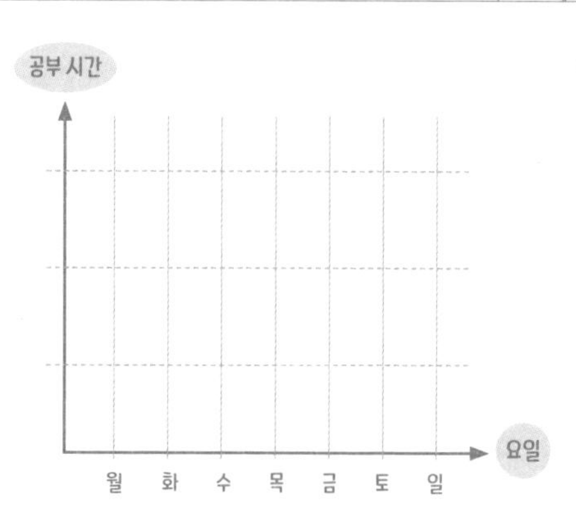


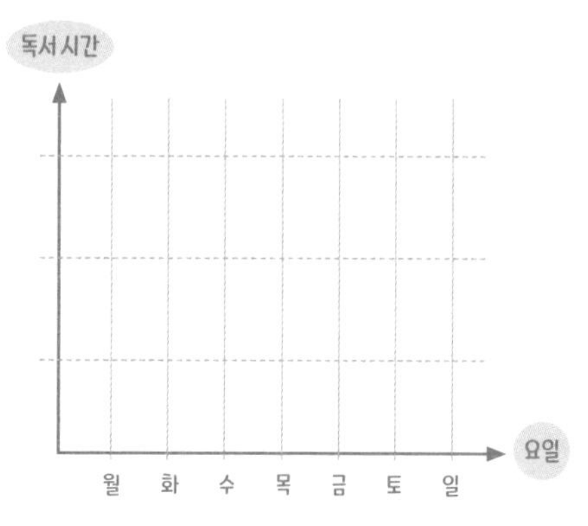


※ 요일별로 공부와 독서 시간을 그래프로 그려보세요.

# 월 주

| 날짜 | 요일 | 오늘 할 공부 | 확인 | 날짜 | 요일 | 오늘 할 공부 | 확인 |
|---|---|---|---|---|---|---|---|
| | 월 | | ☺ | | 금 | | ☺ |
| | | | ☺ | | | | ☺ |
| | | | ☺ | | | | ☺ |
| | 화 | | ☺ | | 토 | | ☺ |
| | | | ☺ | | | | ☺ |
| | | | ☺ | | | | ☺ |
| | 수 | | ☺ | | 일 | | ☺ |
| | | | ☺ | | | | ☺ |
| | | | ☺ | | | | ☺ |
| | 목 | | ☺ | 칭찬 폭탄 | | | ☺ |
| | | | ☺ | | | | |
| | | | ☺ | | | | |

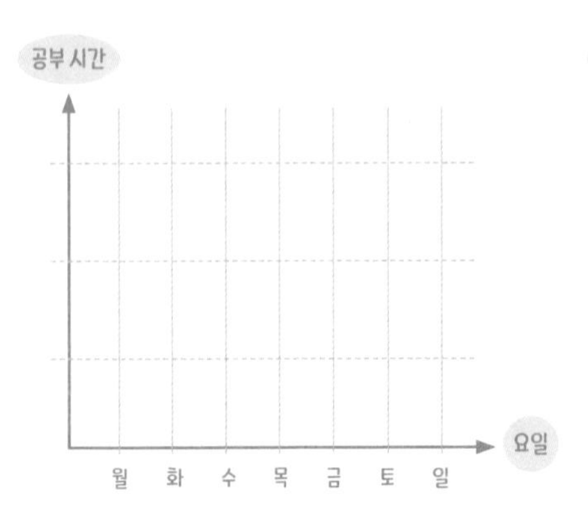


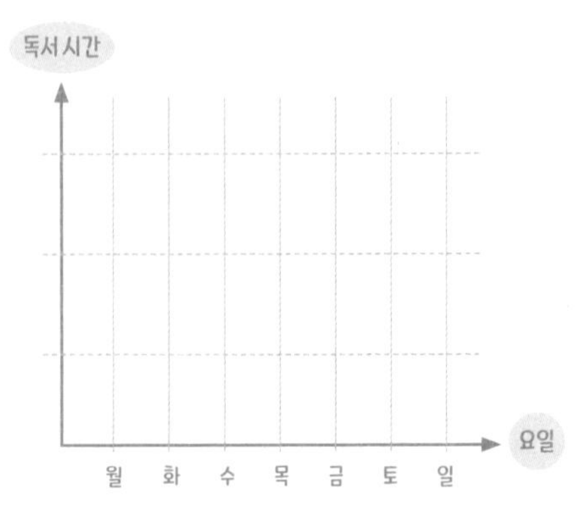


※ 요일별로 공부와 독서 시간을 그래프로 그려보세요.

## 월 주

| 날짜 | 요일 | 오늘 할 공부 | 확인 | 날짜 | 요일 | 오늘 할 공부 | 확인 |
|---|---|---|---|---|---|---|---|
| | | | ☺ | | | | ☺ |
| | 월 | | ☺ | | 금 | | ☺ |
| | | | ☺ | | | | ☺ |
| | | | ☺ | | | | ☺ |
| | 화 | | ☺ | | 토 | | ☺ |
| | | | ☺ | | | | ☺ |
| | | | ☺ | | | | ☺ |
| | 수 | | ☺ | | 일 | | ☺ |
| | | | ☺ | | | | ☺ |
| | | | ☺ | 칭찬 폭탄 | | | ☺ |
| | 목 | | ☺ | | | | |
| | | | ☺ | | | | |

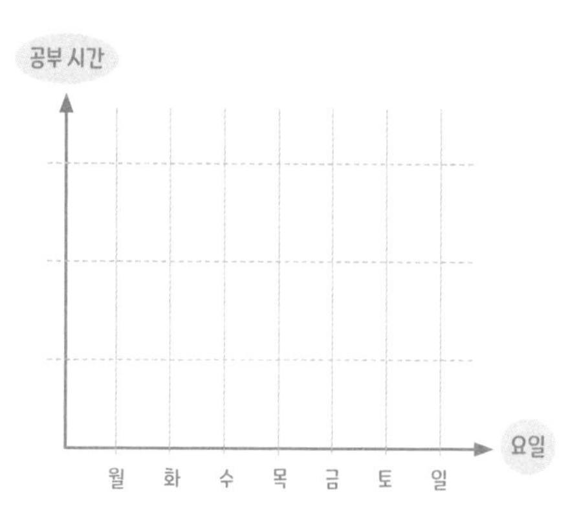


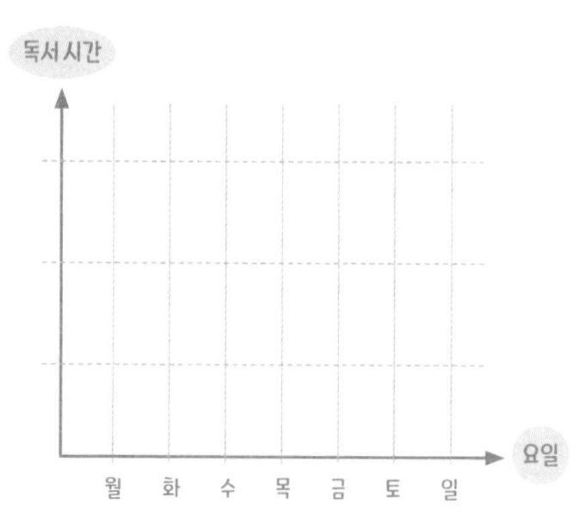


※ 요일별로 공부와 독서 시간을 그래프로 그려보세요.

# 월 주

| 날짜 | 요일 | 오늘 할 공부 | 확인 | 날짜 | 요일 | 오늘 할 공부 | 확인 |
|---|---|---|---|---|---|---|---|
| | 월 | | ☺ | | 금 | | ☺ |
| | | | ☺ | | | | ☺ |
| | | | ☺ | | | | ☺ |
| | 화 | | ☺ | | 토 | | ☺ |
| | | | ☺ | | | | ☺ |
| | | | ☺ | | | | ☺ |
| | 수 | | ☺ | | 일 | | ☺ |
| | | | ☺ | | | | ☺ |
| | | | ☺ | | | | ☺ |
| | 목 | | ☺ | 칭찬 폭탄 | | | ☺ |
| | | | ☺ | | | | |
| | | | ☺ | | | | |

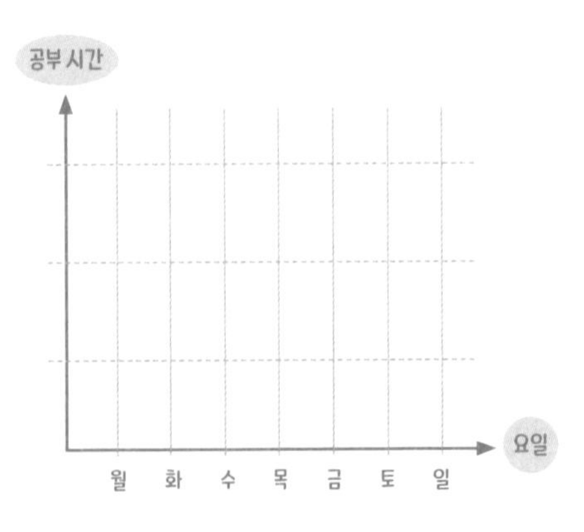


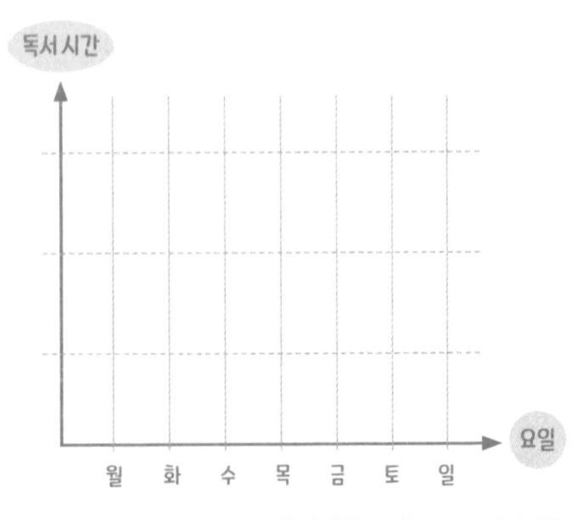


※ 요일별로 공부와 독서 시간을 그래프로 그려보세요.

이번 달도 최선을 다한
사랑하는 우리 귀염둥이에게

# 년 월

| 일요일 SUNDAY | 월요일 MONDAY | 화요일 TUESDAY | 수요일 WEDNESDAY | 목요일 THURSDAY | 금요일 FRIDAY | 토요일 SATURDAY |
|---|---|---|---|---|---|---|
| | | | | | | |
| | | | | | | |
| | | | | | | |
| | | | | | | |
| | | | | | | |

"100번만 반복하면 그것이 당신 인생의 무기가 된다"

GOAL:

CANDY:

EVENT:

| CANDY | | | | | | | | |
|---|---|---|---|---|---|---|---|---|
| 30일 | | | | | | | | |
| 29일 | | | | | | | | |
| 28일 | | | | | | | | |
| 27일 | | | | | | | | |
| 26일 | | | | | | | | |
| 25일 | | | | | | | | |
| 24일 | | | | | | | | |
| 23일 | | | | | | | | |
| 22일 | | | | | | | | |
| 21일 | | | | | | | | |
| 20일 | | | | | | | | |
| 19일 | | | | | | | | |
| 18일 | | | | | | | | |
| 17일 | | | | | | | | |
| 16일 | | | | | | | | |
| 15일 | | | | | | | | |
| 14일 | | | | | | | | |
| 13일 | | | | | | | | |
| 12일 | | | | | | | | |
| 11일 | | | | | | | | |
| 10일 | | | | | | | | |
| 9일 | | | | | | | | |
| 8일 | | | | | | | | |
| 7일 | | | | | | | | |
| 6일 | | | | | | | | |
| 5일 | | | | | | | | |
| 4일 | | | | | | | | |
| 3일 | | | | | | | | |
| 2일 | | | | | | | | |
| 1일 | | | | | | | | |
| 과목 | | | | | | | | |

# 월 주

| 날짜 | 요일 | 오늘 할 공부 | 확인 | 날짜 | 요일 | 오늘 할 공부 | 확인 |
|---|---|---|---|---|---|---|---|
| | 월 | | ☺ | | 금 | | ☺ |
| | | | ☺ | | | | ☺ |
| | | | ☺ | | | | ☺ |
| | 화 | | ☺ | | 토 | | ☺ |
| | | | ☺ | | | | ☺ |
| | | | ☺ | | | | ☺ |
| | 수 | | ☺ | | 일 | | ☺ |
| | | | ☺ | | | | ☺ |
| | | | ☺ | | | | ☺ |
| | 목 | | ☺ | 칭찬 폭탄 | | | ☺ |
| | | | ☺ | | | | |
| | | | ☺ | | | | |

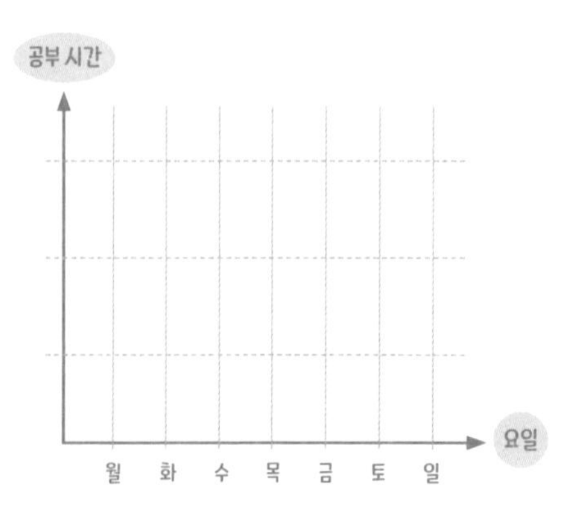


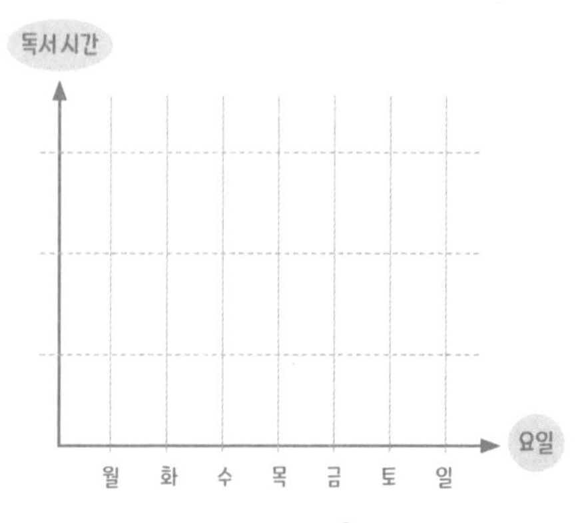


※ 요일별로 공부와 독서 시간을 그래프로 그려보세요.

# 월 주

| 날짜 | 요일 | 오늘 할 공부 | 확인 |
|---|---|---|---|
| | 월 | | |
| | | | |
| | | | |
| | 화 | | |
| | | | |
| | | | |
| | 수 | | |
| | | | |
| | | | |
| | 목 | | |
| | | | |
| | | | |

| 날짜 | 요일 | 오늘 할 공부 | 확인 |
|---|---|---|---|
| | 금 | | |
| | | | |
| | | | |
| | 토 | | |
| | | | |
| | | | |
| | 일 | | |
| | | | |
| | | | |
| 칭찬 폭탄 | | | |

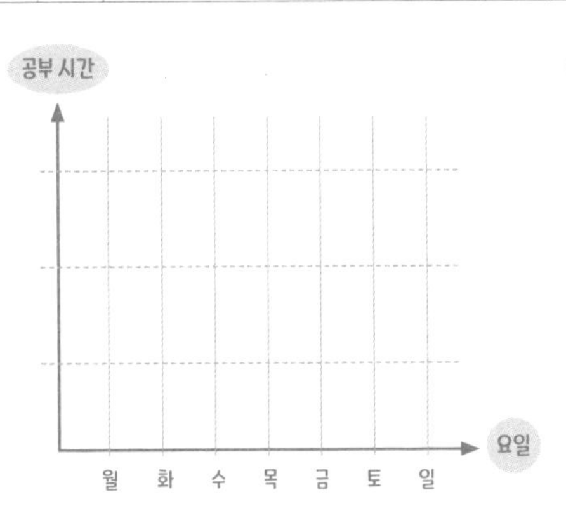


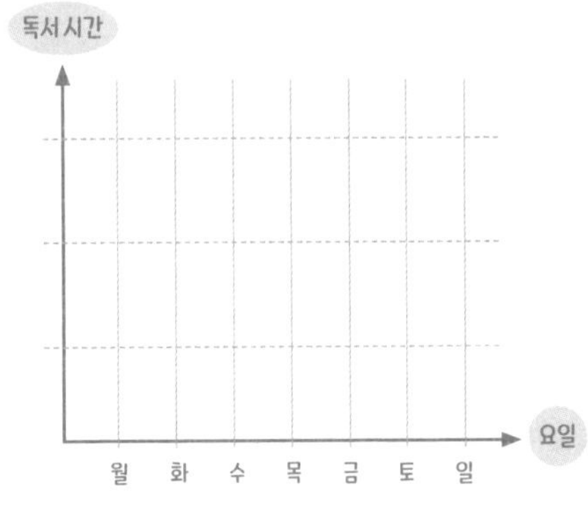


※ 요일별로 공부와 독서 시간을 그래프로 그려보세요.

# 월 주

| 날짜 | 요일 | 오늘 할 공부 | 확인 | 날짜 | 요일 | 오늘 할 공부 | 확인 |
|---|---|---|---|---|---|---|---|
| | 월 | | ☺ | | 금 | | ☺ |
| | | | ☺ | | | | ☺ |
| | | | ☺ | | | | ☺ |
| | 화 | | ☺ | | 토 | | ☺ |
| | | | ☺ | | | | ☺ |
| | | | ☺ | | | | ☺ |
| | 수 | | ☺ | | 일 | | ☺ |
| | | | ☺ | | | | ☺ |
| | | | ☺ | | | | ☺ |
| | 목 | | ☺ | 칭찬 폭탄 | | | ☺ |
| | | | ☺ | | | | |
| | | | ☺ | | | | |

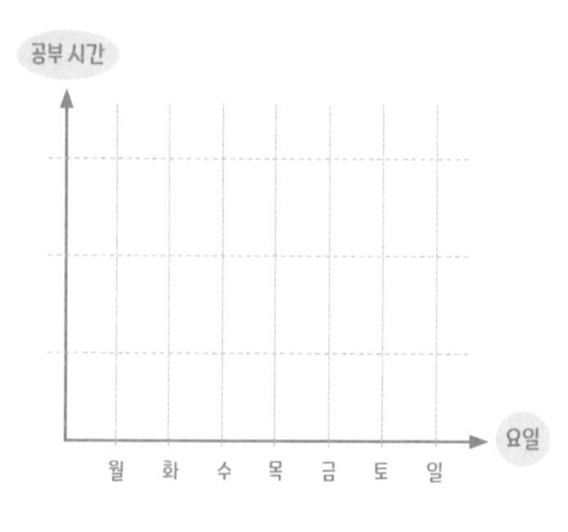


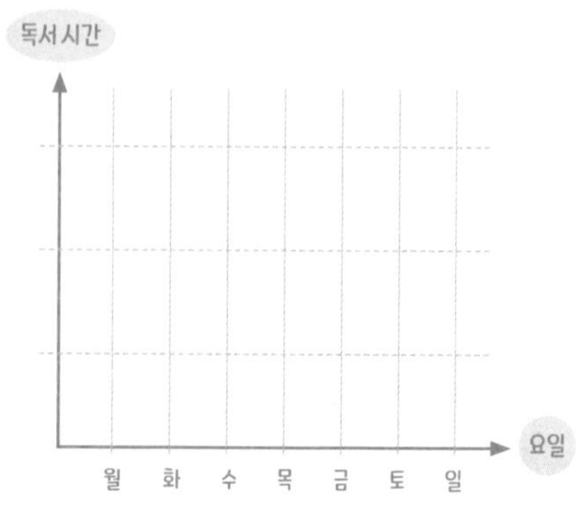


※ 요일별로 공부와 독서 시간을 그래프로 그려보세요.

# 월 주

| 날짜 | 요일 | 오늘 할 공부 | 확인 | 날짜 | 요일 | 오늘 할 공부 | 확인 |
|---|---|---|---|---|---|---|---|
| | 월 | | | | 금 | | |
| | | | | | | | |
| | | | | | | | |
| | 화 | | | | 토 | | |
| | | | | | | | |
| | | | | | | | |
| | 수 | | | | 일 | | |
| | | | | | | | |
| | | | | | | | |
| | 목 | | | 칭찬 폭탄 | | | |
| | | | | | | | |
| | | | | | | | |

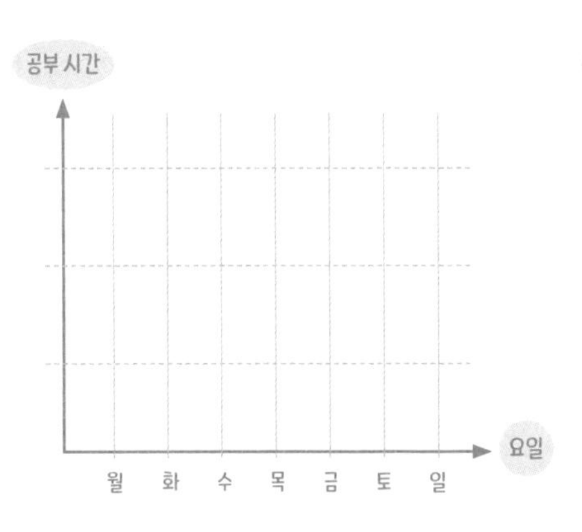


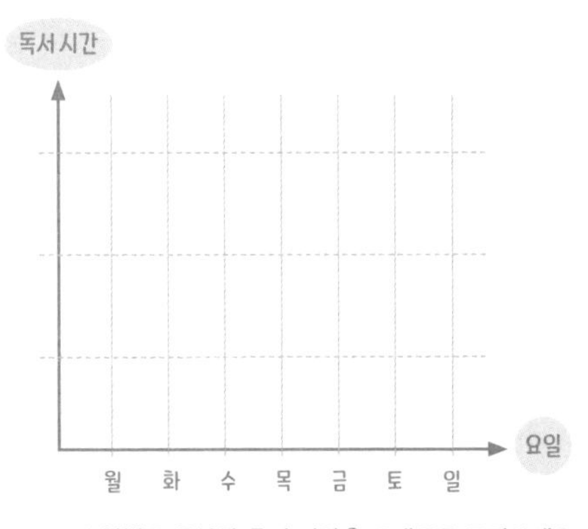


※ 요일별로 공부와 독서 시간을 그래프로 그려보세요.

# 월 주

| 날짜 | 요일 | 오늘 할 공부 | 확인 | 날짜 | 요일 | 오늘 할 공부 | 확인 |
|---|---|---|---|---|---|---|---|
| | 월 | | ☺ | | 금 | | ☺ |
| | | | ☺ | | | | ☺ |
| | | | ☺ | | | | ☺ |
| | 화 | | ☺ | | 토 | | ☺ |
| | | | ☺ | | | | ☺ |
| | | | ☺ | | | | ☺ |
| | 수 | | ☺ | | 일 | | ☺ |
| | | | ☺ | | | | ☺ |
| | | | ☺ | | | | ☺ |
| | 목 | | ☺ | 칭찬 폭탄 | | | ☺ |
| | | | ☺ | | | | |
| | | | ☺ | | | | |

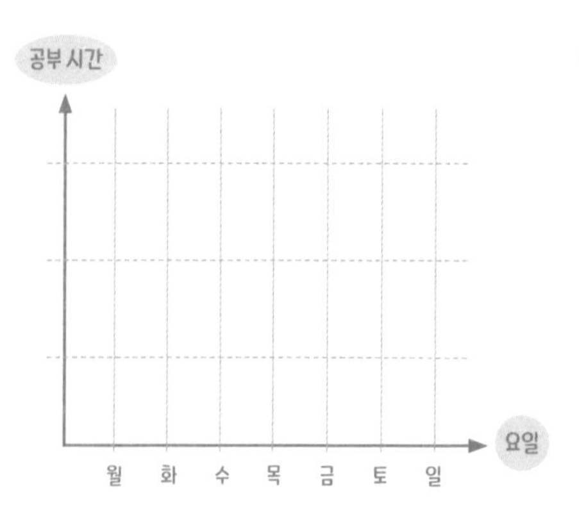


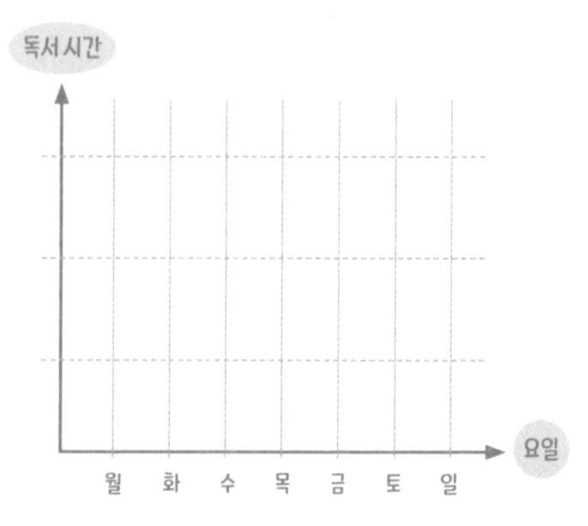


※ 요일별로 공부와 독서 시간을 그래프로 그려보세요.

이번 달도 최선을 다한
사랑하는 우리 귀염둥이에게

## 수학 영역별 공부법

수학은 생각하는 힘을 길러주는 유용한 과목이지만 어렵게 느껴지는 과목이기도 합니다. 다른 과목은 알아서 잘하면서도 유독 수학을 힘들어하고 싫어해서 자신을 '수포자'(수학 포기자)라고 부르는 친구들이 점점 많아지고 있어 안타깝습니다. 수학을 지금보다 덜 힘들게 덜 지겹게 공부하는 방법, 어떤 것이 있을까요?

**1. 개념을 정확하게 외우는 것이 기본입니다.**

보드게임을 할 때 규칙이 적힌 종이를 매번 보는 친구는 없습니다. 규칙을 머릿속에 넣어두지 않으면 게임을 할 수 없기 때문입니다. 게임의 법칙은 게임의 기본입니다. 마찬가지로 분수, 삼각형, 원주와 같은 수학 교과서에 나오는 개념은 머릿속에 단단히 넣어두어야 합니다. 수학 시험, 문제집에서 만나는 문제들은 이 개념을 모르고 있다면 절대 풀 수 없는 문제입니다. 수학 문제를 풀기 전에 '내가 이 개념을 정확하게 알고 있는가'를 반드시 점검하세요.

**2. 문제에서 제시된 조건과 무엇을 묻고 있는지 정확하게 파악하세요.**

'문제 속에 답이 있다'라는 말은 과장이 아닙니다. 문제 속에는 문제를 해결할 수 있는 단서들이 제시되어 있답니다. 이 조건을 활용해 문제에서 요구하는 정답을 찾아내는 것이 수학을 잘하는 비결입니다. 그러기 위해서는 문제를 꼼꼼하게 두 번씩 읽으며 답을 구하고 확인하는 습관이 필요하겠죠?

### 3. 문제 풀이는 공책을 활용하세요.

머릿속에서 암산만으로 풀리는 문제도 있고, 여러 번의 계산을 통해야만 해결되는 문제도 있습니다. 그런데 답만 맞춘다고 해서 정답으로 인정받기 어려운 것이 수학입니다. 어떤 과정을 통해, 어떤 계산법을 활용하여 답을 얻어냈는가를 '풀이 과정'이라는 이름으로 증명해 보여야 합니다. 그래서 귀찮아도 문제를 풀 때는 일일이 공책에 풀이 과정을 기록하여 답을 얻는 습관을 길러야 합니다. 수학의 서술형 평가를 대비하는 방법인 동시에, 풀었던 문제를 다시 확인하기에도 유용한 방법입니다.

### 4. 반드시 두 번씩 확인하세요.

다 풀었다고 해서, 자신 있는 문제라고 해서, 아주 쉬운 문제라고 해서 점검하지 않으면 가장 쉽다고 생각했던 문제를 실수로 틀리게 됩니다. 실제로 선생님이 교실에서 친구들의 시험지를 채점해보니 몰라서 틀리는 문제보다 실수로 틀리는 문제가 훨씬 많았답니다. 문제를 잘못 읽고 이해했을 가능성, 간단한 연산에서 실수했을 가능성, 생각한 답과 다른 엉뚱한 답을 적었을 가능성, 정답의 단위를 잘못 적었을 가능성 등 자주 벌어지는 실수에 관한 모든 가능성을 열어놓고 두 번씩 꼼꼼하게 점검하세요.

# 년 월

| 일요일 SUNDAY | 월요일 MONDAY | 화요일 TUESDAY | 수요일 WEDNESDAY | 목요일 THURSDAY | 금요일 FRIDAY | 토요일 SATURDAY |
|---|---|---|---|---|---|---|
| | | | | | | |
| | | | | | | |
| | | | | | | |
| | | | | | | |
| | | | | | | |

"100번만 반복하면 그것이 당신 인생의 무기가 된다"

GOAL:

CANDY:

EVENT:

# 성공의 탑 쌓기

| CANDY | | | | | | | | |
|---|---|---|---|---|---|---|---|---|
| 30일 | | | | | | | | |
| 29일 | | | | | | | | |
| 28일 | | | | | | | | |
| 27일 | | | | | | | | |
| 26일 | | | | | | | | |
| 25일 | | | | | | | | |
| 24일 | | | | | | | | |
| 23일 | | | | | | | | |
| 22일 | | | | | | | | |
| 21일 | | | | | | | | |
| 20일 | | | | | | | | |
| 19일 | | | | | | | | |
| 18일 | | | | | | | | |
| 17일 | | | | | | | | |
| 16일 | | | | | | | | |
| 15일 | | | | | | | | |
| 14일 | | | | | | | | |
| 13일 | | | | | | | | |
| 12일 | | | | | | | | |
| 11일 | | | | | | | | |
| 10일 | | | | | | | | |
| 9일 | | | | | | | | |
| 8일 | | | | | | | | |
| 7일 | | | | | | | | |
| 6일 | | | | | | | | |
| 5일 | | | | | | | | |
| 4일 | | | | | | | | |
| 3일 | | | | | | | | |
| 2일 | | | | | | | | |
| 1일 | | | | | | | | |
| 과목 | | | | | | | | |

# 월 주

| 날짜 | 요일 | 오늘 할 공부 | 확인 | 날짜 | 요일 | 오늘 할 공부 | 확인 |
|---|---|---|---|---|---|---|---|
| | 월 | | ☺ | | 금 | | ☺ |
| | | | ☺ | | | | ☺ |
| | | | ☺ | | | | ☺ |
| | 화 | | ☺ | | 토 | | ☺ |
| | | | ☺ | | | | ☺ |
| | | | ☺ | | | | ☺ |
| | 수 | | ☺ | | 일 | | ☺ |
| | | | ☺ | | | | ☺ |
| | | | ☺ | | | | ☺ |
| | 목 | | ☺ | 칭찬 폭탄 | | | ☺ |
| | | | ☺ | | | | |
| | | | ☺ | | | | |

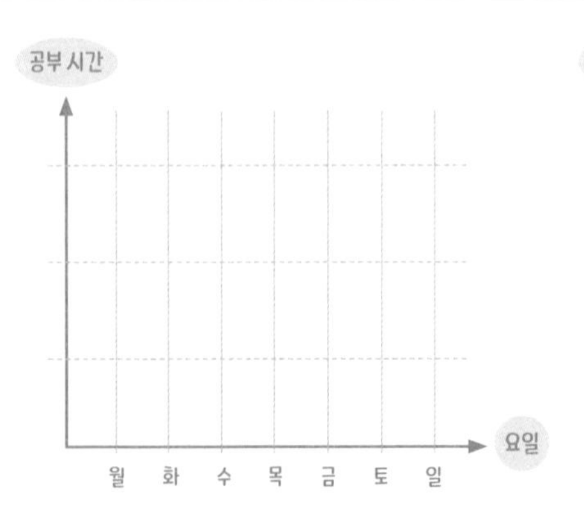


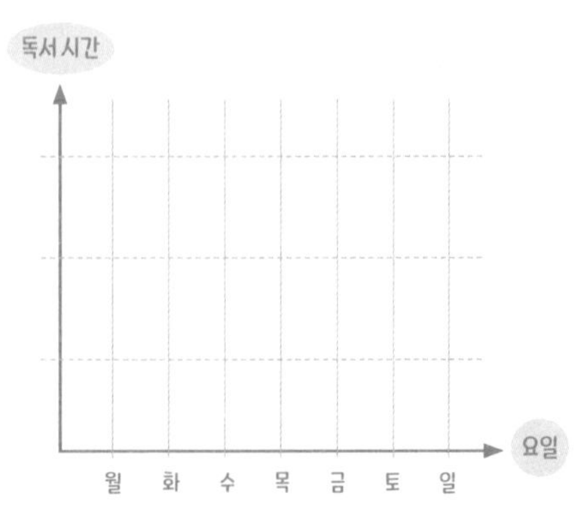


※ 요일별로 공부와 독서 시간을 그래프로 그려보세요.

| 날짜 | 요일 | 오늘 할 공부 | 확인 | 날짜 | 요일 | 오늘 할 공부 | 확인 |
|---|---|---|---|---|---|---|---|
| | 월 | | ☺ | | 금 | | ☺ |
| | | | ☺ | | | | ☺ |
| | | | ☺ | | | | ☺ |
| | 화 | | ☺ | | 토 | | ☺ |
| | | | ☺ | | | | ☺ |
| | | | ☺ | | | | ☺ |
| | 수 | | ☺ | | 일 | | ☺ |
| | | | ☺ | | | | ☺ |
| | | | ☺ | | | | ☺ |
| | 목 | | ☺ | 칭찬 폭탄 | | | ☺ |
| | | | ☺ | | | | |
| | | | ☺ | | | | |

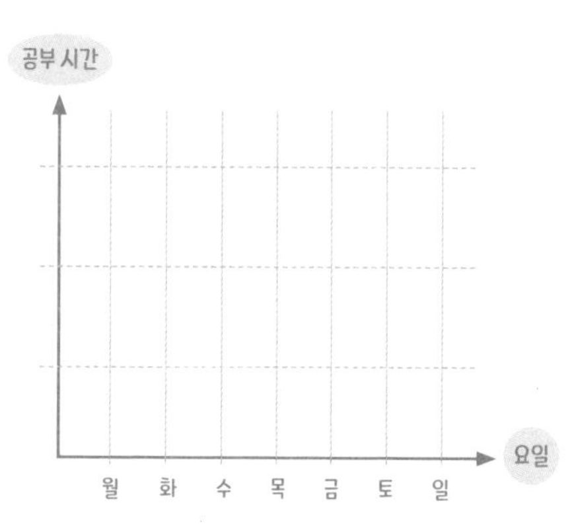


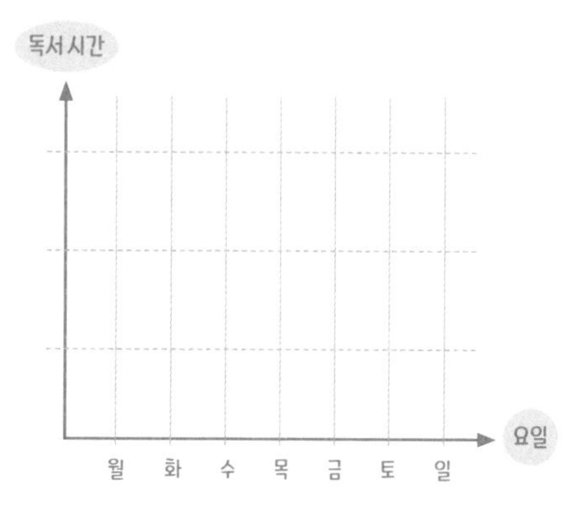


※ 요일별로 공부와 독서 시간을 그래프로 그려보세요.

# 월 주

| 날짜 | 요일 | 오늘 할 공부 | 확인 | 날짜 | 요일 | 오늘 할 공부 | 확인 |
|---|---|---|---|---|---|---|---|
| | 월 | | ☺ | | 금 | | ☺ |
| | | | ☺ | | | | ☺ |
| | | | ☺ | | | | ☺ |
| | 화 | | ☺ | | 토 | | ☺ |
| | | | ☺ | | | | ☺ |
| | | | ☺ | | | | ☺ |
| | 수 | | ☺ | | 일 | | ☺ |
| | | | ☺ | | | | ☺ |
| | | | ☺ | | | | ☺ |
| | 목 | | ☺ | 칭찬 폭탄 | | | ☺ |
| | | | ☺ | | | | |
| | | | ☺ | | | | |

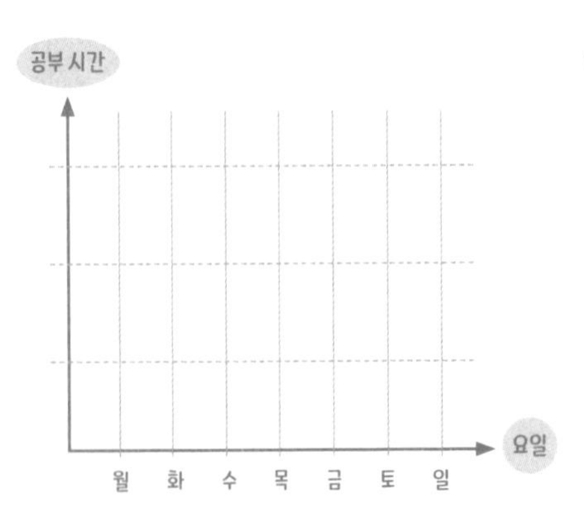


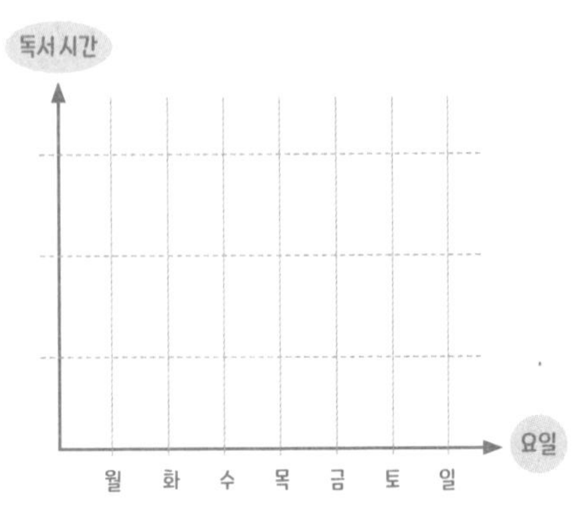


※ 요일별로 공부와 독서 시간을 그래프로 그려보세요.

## 월 주

| 날짜 | 요일 | 오늘 할 공부 | 확인 | 날짜 | 요일 | 오늘 할 공부 | 확인 |
|---|---|---|---|---|---|---|---|
| | 월 | | ☺ | | 금 | | ☺ |
| | | | ☺ | | | | ☺ |
| | | | ☺ | | | | ☺ |
| | 화 | | ☺ | | 토 | | ☺ |
| | | | ☺ | | | | ☺ |
| | | | ☺ | | | | ☺ |
| | 수 | | ☺ | | 일 | | ☺ |
| | | | ☺ | | | | ☺ |
| | | | ☺ | | | | ☺ |
| | 목 | | ☺ | 칭찬 폭탄 | | | ☺ |
| | | | ☺ | | | | |
| | | | ☺ | | | | |

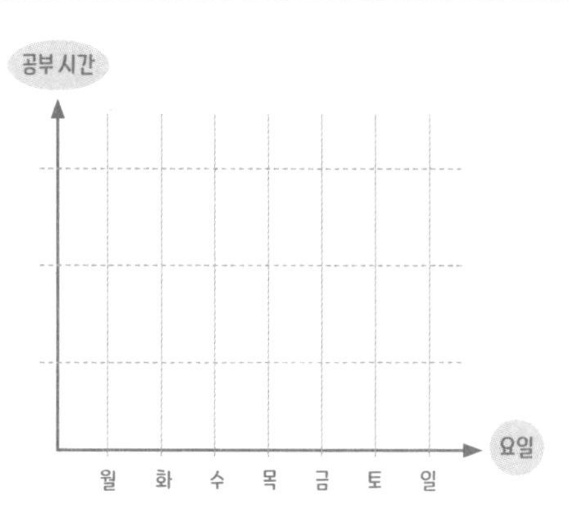


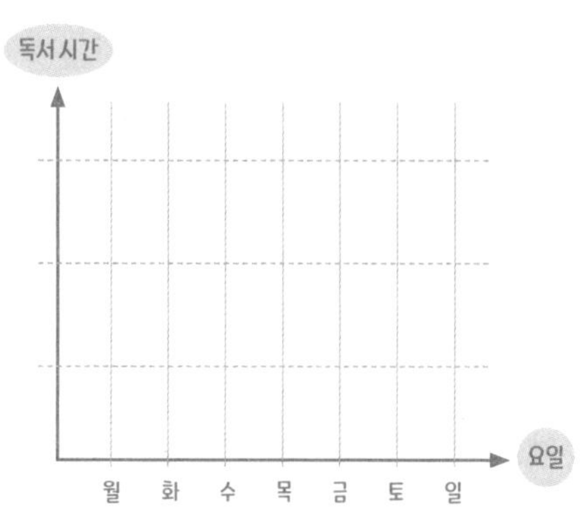


※ 요일별로 공부와 독서 시간을 그래프로 그려보세요.

# 월 주

| 날짜 | 요일 | 오늘 할 공부 | 확인 | 날짜 | 요일 | 오늘 할 공부 | 확인 |
|---|---|---|---|---|---|---|---|
| | 월 | | ☺ | | 금 | | ☺ |
| | | | ☺ | | | | ☺ |
| | | | ☺ | | | | ☺ |
| | 화 | | ☺ | | 토 | | ☺ |
| | | | ☺ | | | | ☺ |
| | | | ☺ | | | | ☺ |
| | 수 | | ☺ | | 일 | | ☺ |
| | | | ☺ | | | | ☺ |
| | | | ☺ | | | | ☺ |
| | 목 | | ☺ | 칭찬 폭탄 | | | ☺ |
| | | | ☺ | | | | |
| | | | ☺ | | | | |

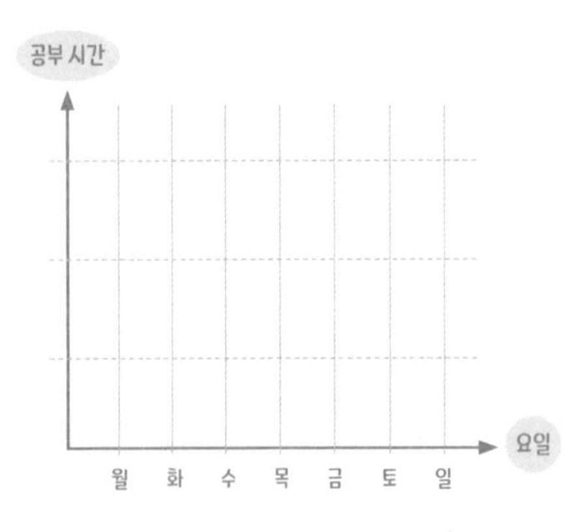


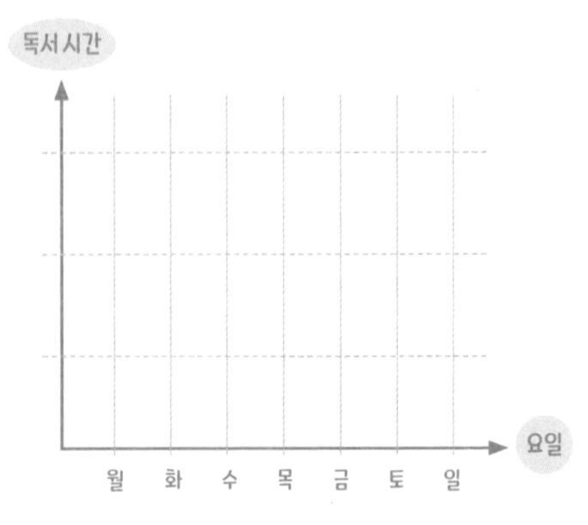


※ 요일별로 공부와 독서 시간을 그래프로 그려보세요.

이번 달도 최선을 다한
사랑하는 우리 귀염둥이에게

## 년 월

| 일요일 SUNDAY | 월요일 MONDAY | 화요일 TUESDAY | 수요일 WEDNESDAY | 목요일 THURSDAY | 금요일 FRIDAY | 토요일 SATURDAY |
| --- | --- | --- | --- | --- | --- | --- |
| | | | | | | |
| | | | | | | |
| | | | | | | |
| | | | | | | |
| | | | | | | |

“100번만 반복하면 그것이 당신 인생의 무기가 된다”

GOAL:

CANDY:

EVENT:

# 성공의 탑 쌓기

| CANDY | | | | | | | | |
|---|---|---|---|---|---|---|---|---|
| 30일 | | | | | | | | |
| 29일 | | | | | | | | |
| 28일 | | | | | | | | |
| 27일 | | | | | | | | |
| 26일 | | | | | | | | |
| 25일 | | | | | | | | |
| 24일 | | | | | | | | |
| 23일 | | | | | | | | |
| 22일 | | | | | | | | |
| 21일 | | | | | | | | |
| 20일 | | | | | | | | |
| 19일 | | | | | | | | |
| 18일 | | | | | | | | |
| 17일 | | | | | | | | |
| 16일 | | | | | | | | |
| 15일 | | | | | | | | |
| 14일 | | | | | | | | |
| 13일 | | | | | | | | |
| 12일 | | | | | | | | |
| 11일 | | | | | | | | |
| 10일 | | | | | | | | |
| 9일 | | | | | | | | |
| 8일 | | | | | | | | |
| 7일 | | | | | | | | |
| 6일 | | | | | | | | |
| 5일 | | | | | | | | |
| 4일 | | | | | | | | |
| 3일 | | | | | | | | |
| 2일 | | | | | | | | |
| 1일 | | | | | | | | |
| 과목 | | | | | | | | |

# 월 주

| 날짜 | 요일 | 오늘 할 공부 | 확인 | 날짜 | 요일 | 오늘 할 공부 | 확인 |
|---|---|---|---|---|---|---|---|
| | 월 | | ☺ | | 금 | | ☺ |
| | | | ☺ | | | | ☺ |
| | | | ☺ | | | | ☺ |
| | 화 | | ☺ | | 토 | | ☺ |
| | | | ☺ | | | | ☺ |
| | | | ☺ | | | | ☺ |
| | 수 | | ☺ | | 일 | | ☺ |
| | | | ☺ | | | | ☺ |
| | | | ☺ | | | | ☺ |
| | 목 | | ☺ | 칭찬 폭탄 | | | ☺ |
| | | | ☺ | | | | |
| | | | ☺ | | | | |

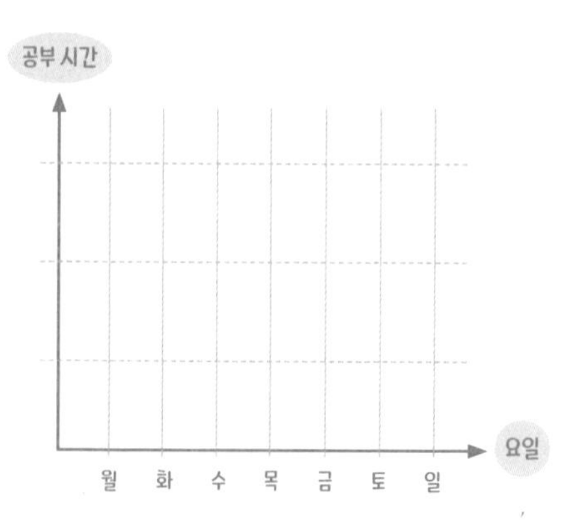


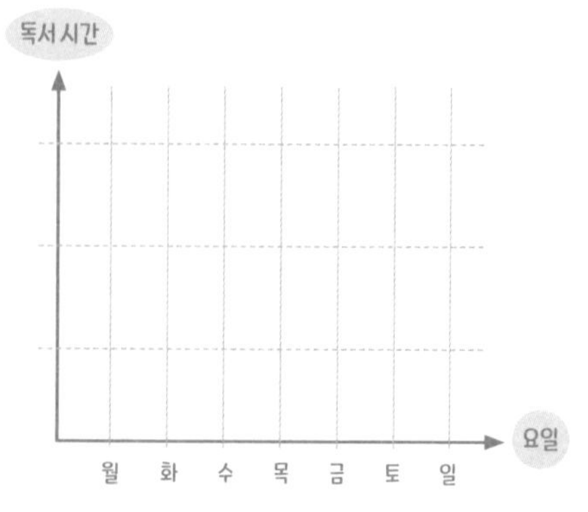


※ 요일별로 공부와 독서 시간을 그래프로 그려보세요.

## 월 주

| 날짜 | 요일 | 오늘 할 공부 | 확인 | 날짜 | 요일 | 오늘 할 공부 | 확인 |
|---|---|---|---|---|---|---|---|
| | 월 | | ☺ | | 금 | | ☺ |
| | | | ☺ | | | | ☺ |
| | | | ☺ | | | | ☺ |
| | 화 | | ☺ | | 토 | | ☺ |
| | | | ☺ | | | | ☺ |
| | | | ☺ | | | | ☺ |
| | 수 | | ☺ | | 일 | | ☺ |
| | | | ☺ | | | | ☺ |
| | | | ☺ | | | | ☺ |
| | 목 | | ☺ | 칭찬 폭탄 | | | ☺ |
| | | | ☺ | | | | |
| | | | ☺ | | | | |

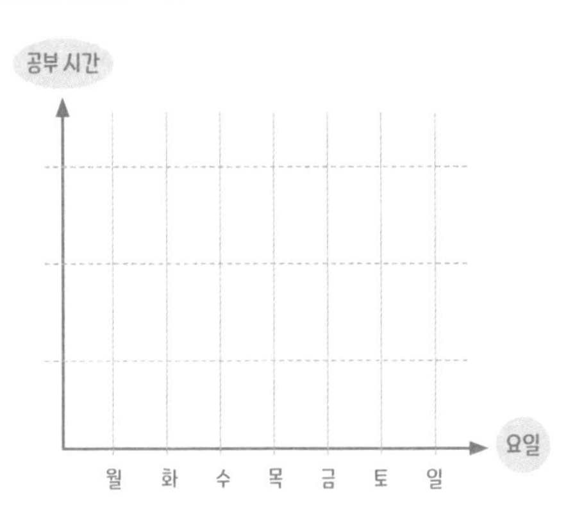


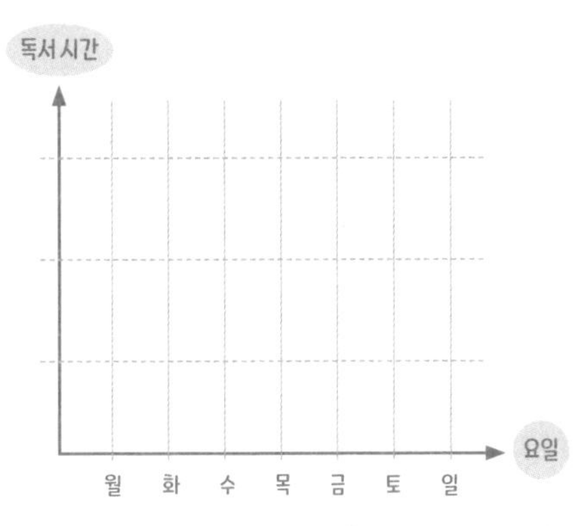


※ 요일별로 공부와 독서 시간을 그래프로 그려보세요.

# 월 주

| 날짜 | 요일 | 오늘 할 공부 | 확인 | 날짜 | 요일 | 오늘 할 공부 | 확인 |
|---|---|---|---|---|---|---|---|
| | 월 | | ☺ | | 금 | | ☺ |
| | | | ☺ | | | | ☺ |
| | | | ☺ | | | | ☺ |
| | 화 | | ☺ | | 토 | | ☺ |
| | | | ☺ | | | | ☺ |
| | | | ☺ | | | | ☺ |
| | 수 | | ☺ | | 일 | | ☺ |
| | | | ☺ | | | | ☺ |
| | | | ☺ | | | | ☺ |
| | 목 | | ☺ | 칭찬 폭탄 | | | ☺ |
| | | | ☺ | | | | |
| | | | ☺ | | | | |

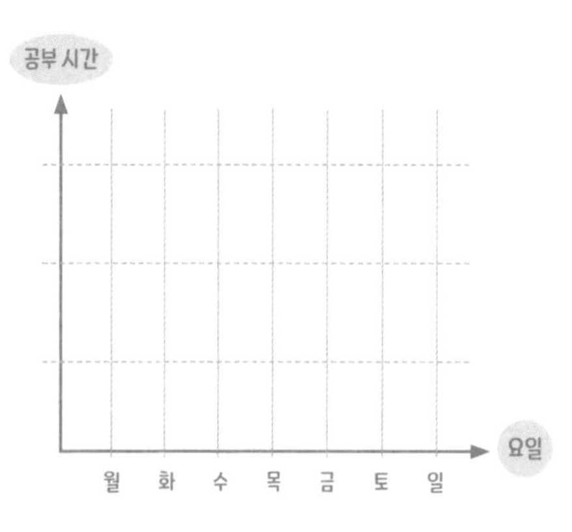


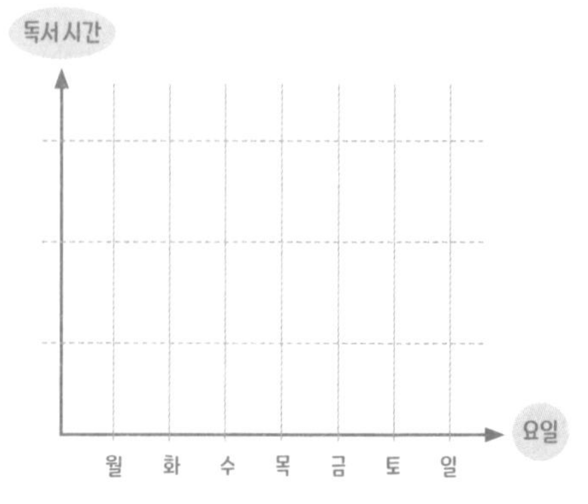


※ 요일별로 공부와 독서 시간을 그래프로 그려보세요.

월 주

| 날짜 | 요일 | 오늘 할 공부 | 확인 | 날짜 | 요일 | 오늘 할 공부 | 확인 |
|---|---|---|---|---|---|---|---|
| | 월 | | ☺ | | 금 | | ☺ |
| | | | ☺ | | | | ☺ |
| | | | ☺ | | | | ☺ |
| | 화 | | ☺ | | 토 | | ☺ |
| | | | ☺ | | | | ☺ |
| | | | ☺ | | | | ☺ |
| | 수 | | ☺ | | 일 | | ☺ |
| | | | ☺ | | | | ☺ |
| | | | ☺ | | | | ☺ |
| | 목 | | ☺ | 칭찬 폭탄 | | | ☺ |
| | | | ☺ | | | | |
| | | | ☺ | | | | |

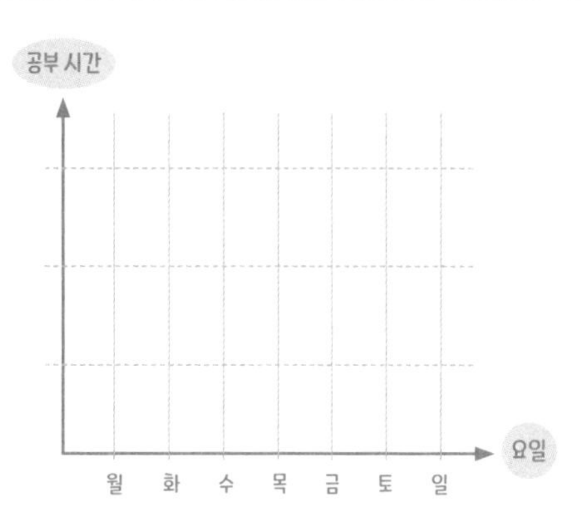


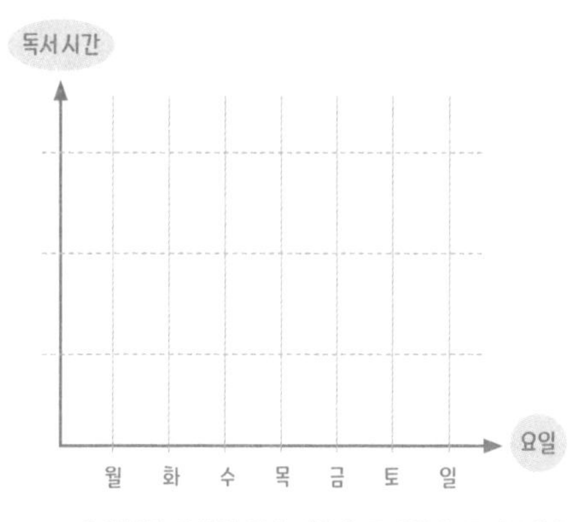


※ 요일별로 공부와 독서 시간을 그래프로 그려보세요.

# 월 주

| 날짜 | 요일 | 오늘 할 공부 | 확인 | 날짜 | 요일 | 오늘 할 공부 | 확인 |
|---|---|---|---|---|---|---|---|
| | 월 | | ☺ | | 금 | | ☺ |
| | | | ☺ | | | | ☺ |
| | | | ☺ | | | | ☺ |
| | 화 | | ☺ | | 토 | | ☺ |
| | | | ☺ | | | | ☺ |
| | | | ☺ | | | | ☺ |
| | 수 | | ☺ | | 일 | | ☺ |
| | | | ☺ | | | | ☺ |
| | | | ☺ | | | | ☺ |
| | 목 | | ☺ | 칭찬 폭탄 | | | ☺ |
| | | | ☺ | | | | |
| | | | ☺ | | | | |

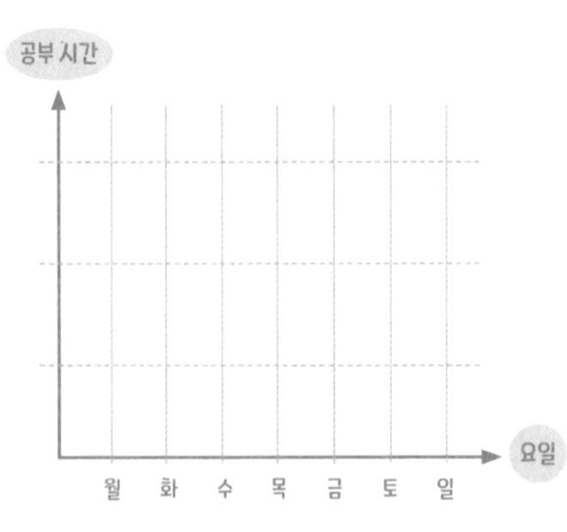


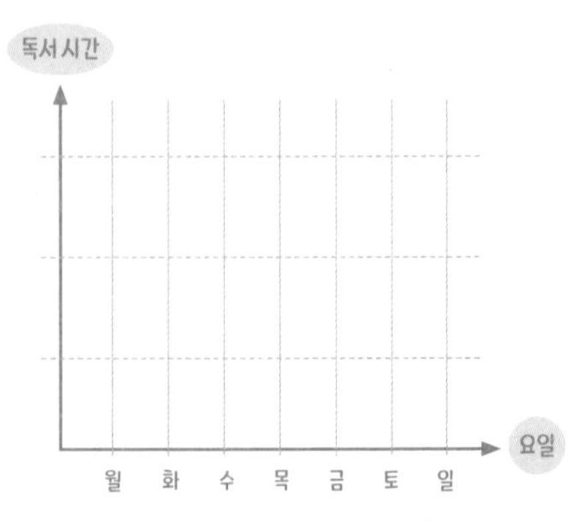


※ 요일별로 공부와 독서 시간을 그래프로 그려보세요.

이번 달도 최선을 다한
사랑하는 우리 귀염둥이에게

## 영어 영역별 공부법

영어는 언어이고요, 한국어 말고도 또 하나의 언어를 읽고 말할 수 있는 사람은 살면서 훨씬 더 많은 기회를 얻게 됩니다. 영어를 나의 가능성과 기회를 열어 줄 값진 도구라고 생각해 보세요. 언어는 매일 반복하는 것보다 더 나은 방법이 없습니다. 무엇을 얼마나 매일 반복하면 좋을지 하나씩 알려드립니다.

### 1. 듣기

좋아하는 영상을 한글 자막 없이 영어로만 보는 습관을 가지세요. 쉬운 5분짜리 뽀로로도 좋고요, 좋아하는 영화가 있다면 자막 없이 도전해보는 것도 좋습니다. 하루에 많은 양을 보고 나서 한참 후에 또 보는 것보다는 짧은 시간이라도, 매일매일 보고 들으면서 내 귀와 뇌가 영어라는 언어에 적응하면서 자연스럽게 이해하고 받아들일 수 있게 도와주세요.

### 2. 말하기

영상에서 듣게 된 대사, 영어책에서 주인공이 했던 말, 아주 쉬운 문장이라도 좋습니다. 매일 조금씩 말하는 습관이 생기면 외국인을 만났을 때 말을 건넬 수 있게 됩니다. 매일 한 문장을 정해놓고 외워서 말하는 연습, 영어로 말하는 모습을 영상으로 찍어보며 기록하는 습관, 영어책을 읽을 때 한쪽 정도는 소리 내어 읽기, 가족과 대화할 때 간단한 문장은 영어로 바꾸어 말해보기 등 일상에서 조금씩 영어 말하기 습관을 만들어 보세요.

### 3. 읽기

어느 정도 이해되는 수준의 영어책을 구해서 날마다 읽어보세요. 꼭 정확하게 이해하지 못해도 괜찮습니다. 매일 영어책을 읽으며 새로운 단어와 정확한 문장을 접하게 되면 조금씩 영어로 된 글을 이해하는 능력과 잘못된 문장을 구분하는 힘이 생기게 된답니다. 친구들이 보는 어려운 책을 읽느라 애쓸 필요가 없어요. 쉽다고 생각되는 수준의 책도 좋으니 꾸준하게 읽으면서 내 눈과 머리가 영어로 된 문장에 적응하게 해 주세요. 매일 영어책을 읽는 습관만큼이나 영어 실력을 높이는 확실한 방법은 없답니다.

### 4. 쓰기

영어로 글을 쓰는 건 사실 별것 아닌데도 부담스럽게 느껴지지요. 한글로 글쓰기가 익숙하지 않은 친구들이라면 더욱 그럴 거예요. 한글 글쓰기가 잘 되고 있다면 영어로 글 쓰는 일도 시작해보세요. 처음부터 정확한 문법, 다양한 어휘, 긴 문장으로 쓰려면 결코 영어 글쓰기를 시작할 수 없답니다. 틀려도 좋고요, 짧아도 좋으니 매일 조금씩 시간을 정해 몇 문장이라도 영어 글쓰기를 시작해보세요. 내 생각을 한글뿐 아니라 영어로도 표현할 수 있다면, 세상은 얼마나 더 많은 기회를 가져다줄까요?

Tip 선생님 유튜브에서 '영어 글쓰기 강의'를 들어보세요:D

## 년 월

| 일요일 SUNDAY | 월요일 MONDAY | 화요일 TUESDAY | 수요일 WEDNESDAY | 목요일 THURSDAY | 금요일 FRIDAY | 토요일 SATURDAY |
|---|---|---|---|---|---|---|
| | | | | | | |
| | | | | | | |
| | | | | | | |
| | | | | | | |
| | | | | | | |

"100번만 반복하면 그것이 당신 인생의 무기가 된다"

GOAL:

CANDY:

EVENT:

# 성공의 탑 쌓기

| CANDY | | | | | | | | |
|---|---|---|---|---|---|---|---|---|
| 30일 | | | | | | | | |
| 29일 | | | | | | | | |
| 28일 | | | | | | | | |
| 27일 | | | | | | | | |
| 26일 | | | | | | | | |
| 25일 | | | | | | | | |
| 24일 | | | | | | | | |
| 23일 | | | | | | | | |
| 22일 | | | | | | | | |
| 21일 | | | | | | | | |
| 20일 | | | | | | | | |
| 19일 | | | | | | | | |
| 18일 | | | | | | | | |
| 17일 | | | | | | | | |
| 16일 | | | | | | | | |
| 15일 | | | | | | | | |
| 14일 | | | | | | | | |
| 13일 | | | | | | | | |
| 12일 | | | | | | | | |
| 11일 | | | | | | | | |
| 10일 | | | | | | | | |
| 9일 | | | | | | | | |
| 8일 | | | | | | | | |
| 7일 | | | | | | | | |
| 6일 | | | | | | | | |
| 5일 | | | | | | | | |
| 4일 | | | | | | | | |
| 3일 | | | | | | | | |
| 2일 | | | | | | | | |
| 1일 | | | | | | | | |
| 과목 | | | | | | | | |

# 월 주

| 날짜 | 요일 | 오늘 할 공부 | 확인 | 날짜 | 요일 | 오늘 할 공부 | 확인 |
|---|---|---|---|---|---|---|---|
| | 월 | | ☺ | | 금 | | ☺ |
| | | | ☺ | | | | ☺ |
| | | | ☺ | | | | ☺ |
| | 화 | | ☺ | | 토 | | ☺ |
| | | | ☺ | | | | ☺ |
| | | | ☺ | | | | ☺ |
| | 수 | | ☺ | | 일 | | ☺ |
| | | | ☺ | | | | ☺ |
| | | | ☺ | | | | ☺ |
| | 목 | | ☺ | 칭찬 폭탄 | | | ☺ |
| | | | ☺ | | | | |
| | | | ☺ | | | | |

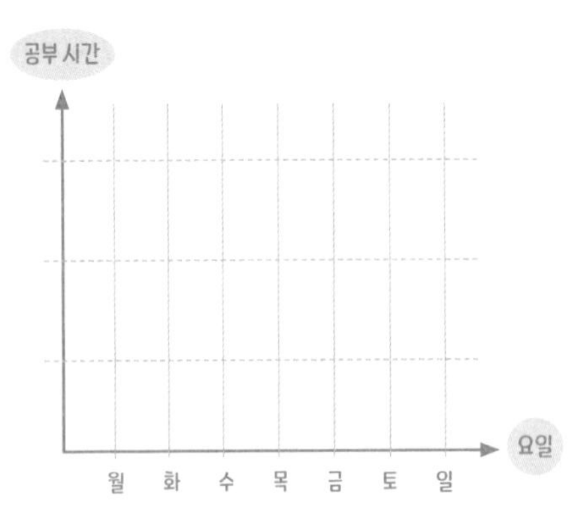


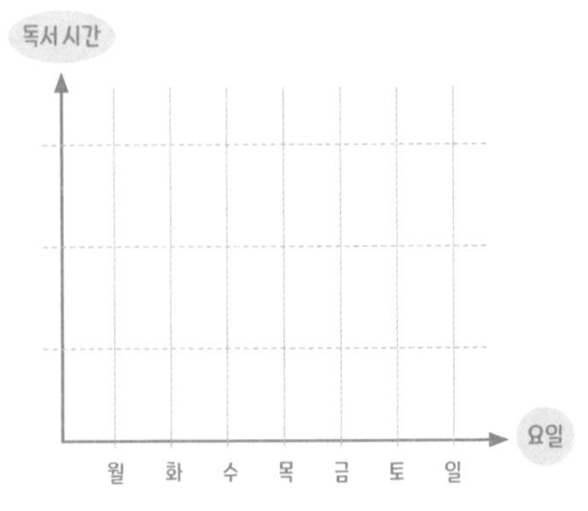


※ 요일별로 공부와 독서 시간을 그래프로 그려보세요.

## 월 주

| 날짜 | 요일 | 오늘 할 공부 | 확인 | 날짜 | 요일 | 오늘 할 공부 | 확인 |
|---|---|---|---|---|---|---|---|
| | 월 | | ☺ | | 금 | | ☺ |
| | | | ☺ | | | | ☺ |
| | | | ☺ | | | | ☺ |
| | 화 | | ☺ | | 토 | | ☺ |
| | | | ☺ | | | | ☺ |
| | | | ☺ | | | | ☺ |
| | 수 | | ☺ | | 일 | | ☺ |
| | | | ☺ | | | | ☺ |
| | | | ☺ | | | | ☺ |
| | 목 | | ☺ | 칭찬 폭탄 | | | ☺ |
| | | | ☺ | | | | |
| | | | ☺ | | | | |

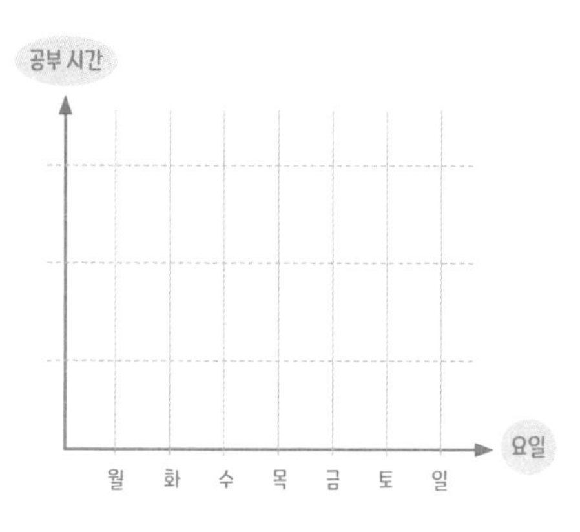


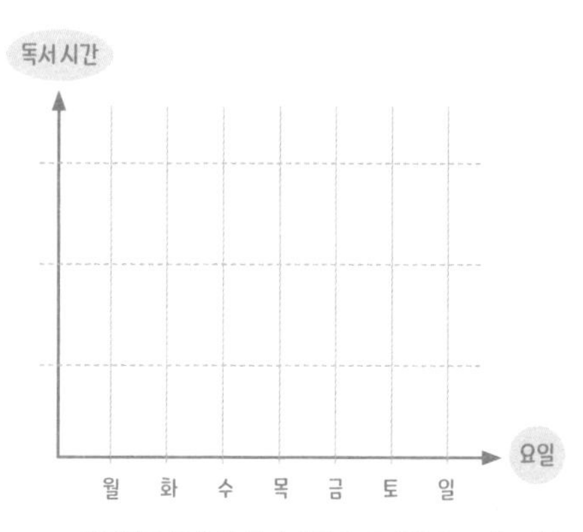


※ 요일별로 공부와 독서 시간을 그래프로 그려보세요.

# 월 주

| 날짜 | 요일 | 오늘 할 공부 | 확인 | 날짜 | 요일 | 오늘 할 공부 | 확인 |
|---|---|---|---|---|---|---|---|
| | 월 | | ☺ | | 금 | | ☺ |
| | | | ☺ | | | | ☺ |
| | | | ☺ | | | | ☺ |
| | 화 | | ☺ | | 토 | | ☺ |
| | | | ☺ | | | | ☺ |
| | | | ☺ | | | | ☺ |
| | 수 | | ☺ | | 일 | | ☺ |
| | | | ☺ | | | | ☺ |
| | | | ☺ | | | | ☺ |
| | 목 | | ☺ | 칭찬 폭탄 | | | ☺ |
| | | | ☺ | | | | |
| | | | ☺ | | | | |

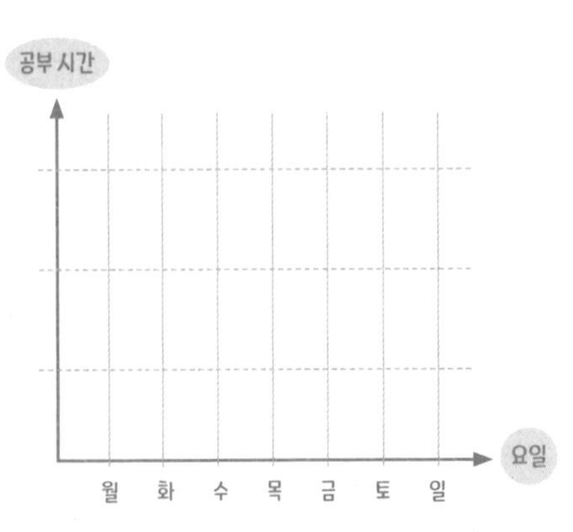


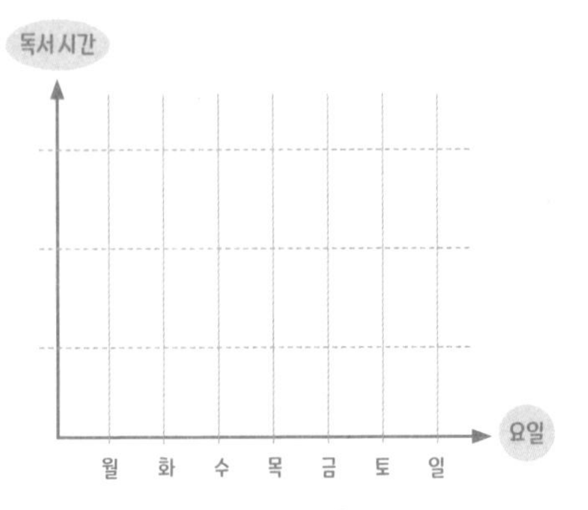


※ 요일별로 공부와 독서 시간을 그래프로 그려보세요.

## 월 주

| 날짜 | 요일 | 오늘 할 공부 | 확인 | 날짜 | 요일 | 오늘 할 공부 | 확인 |
|---|---|---|---|---|---|---|---|
| | 월 | | ☺ | | 금 | | ☺ |
| | | | ☺ | | | | ☺ |
| | | | ☺ | | | | ☺ |
| | 화 | | ☺ | | 토 | | ☺ |
| | | | ☺ | | | | ☺ |
| | | | ☺ | | | | ☺ |
| | 수 | | ☺ | | 일 | | ☺ |
| | | | ☺ | | | | ☺ |
| | | | ☺ | | | | ☺ |
| | 목 | | ☺ | 칭찬 폭탄 | | | ☺ |
| | | | ☺ | | | | |
| | | | ☺ | | | | |

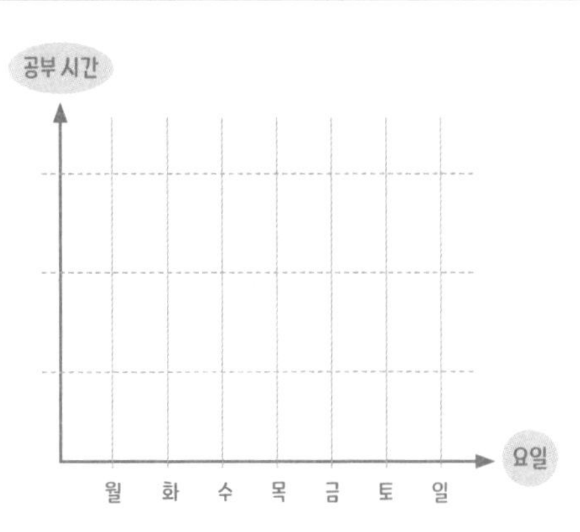


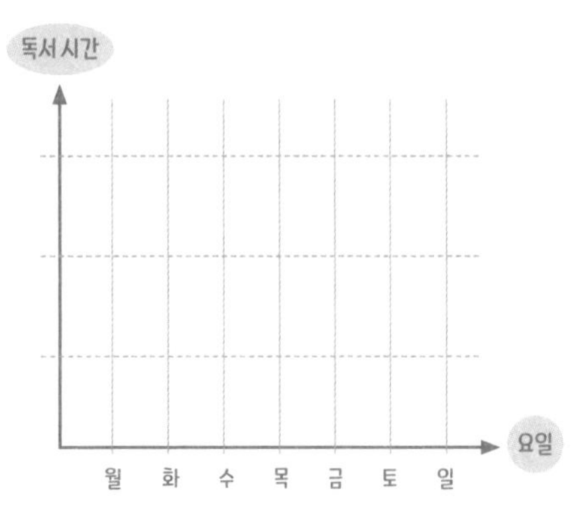


※ 요일별로 공부와 독서 시간을 그래프로 그려보세요.

# 월 주

| 날짜 | 요일 | 오늘 할 공부 | 확인 | 날짜 | 요일 | 오늘 할 공부 | 확인 |
|---|---|---|---|---|---|---|---|
| | 월 | | ☺ | | 금 | | ☺ |
| | | | ☺ | | | | ☺ |
| | | | ☺ | | | | ☺ |
| | 화 | | ☺ | | 토 | | ☺ |
| | | | ☺ | | | | ☺ |
| | | | ☺ | | | | ☺ |
| | 수 | | ☺ | | 일 | | ☺ |
| | | | ☺ | | | | ☺ |
| | | | ☺ | | | | ☺ |
| | 목 | | ☺ | 칭찬 폭탄 | | | ☺ |
| | | | ☺ | | | | |
| | | | ☺ | | | | |

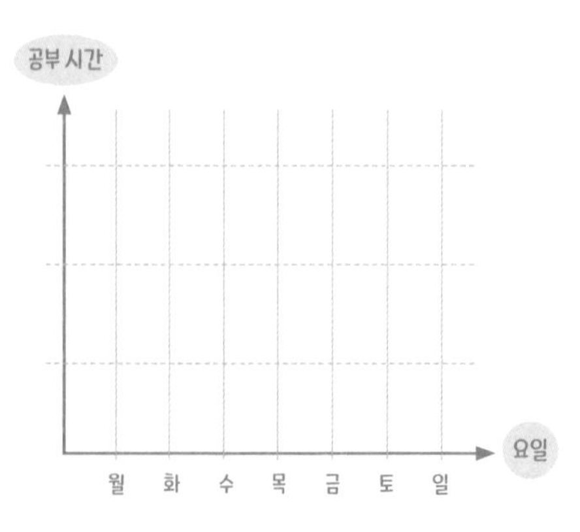


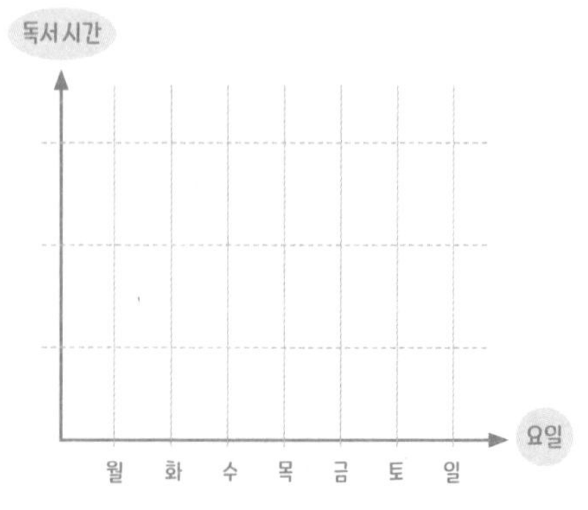


※ 요일별로 공부와 독서 시간을 그래프로 그려보세요.

이번 달도 최선을 다한
사랑하는 우리 귀염둥이에게

# 년 월

| 일요일 SUNDAY | 월요일 MONDAY | 화요일 TUESDAY | 수요일 WEDNESDAY | 목요일 THURSDAY | 금요일 FRIDAY | 토요일 SATURDAY |
|---|---|---|---|---|---|---|
| | | | | | | |
| | | | | | | |
| | | | | | | |
| | | | | | | |
| | | | | | | |

"100번만 반복하면 그것이 당신 인생의 무기가 된다"

GOAL:

CANDY:

EVENT:

# 성공의 탑 쌓기

| CANDY | ☺ | ☺ | ☺ | ☺ | ☺ | ☺ | ☺ | ☺ |
|---|---|---|---|---|---|---|---|---|
| 30일 | | | | | | | | |
| 29일 | | | | | | | | |
| 28일 | | | | | | | | |
| 27일 | | | | | | | | |
| 26일 | | | | | | | | |
| 25일 | | | | | | | | |
| 24일 | | | | | | | | |
| 23일 | | | | | | | | |
| 22일 | | | | | | | | |
| 21일 | | | | | | | | |
| 20일 | | | | | | | | |
| 19일 | | | | | | | | |
| 18일 | | | | | | | | |
| 17일 | | | | | | | | |
| 16일 | | | | | | | | |
| 15일 | | | | | | | | |
| 14일 | | | | | | | | |
| 13일 | | | | | | | | |
| 12일 | | | | | | | | |
| 11일 | | | | | | | | |
| 10일 | | | | | | | | |
| 9일 | | | | | | | | |
| 8일 | | | | | | | | |
| 7일 | | | | | | | | |
| 6일 | | | | | | | | |
| 5일 | | | | | | | | |
| 4일 | | | | | | | | |
| 3일 | | | | | | | | |
| 2일 | | | | | | | | |
| 1일 | | | | | | | | |
| 과목 | | | | | | | | |

# 월 주

| 날짜 | 요일 | 오늘 할 공부 | 확인 |
|---|---|---|---|
| | 월 | | ☺ |
| | | | ☺ |
| | | | ☺ |
| | 화 | | ☺ |
| | | | ☺ |
| | | | ☺ |
| | 수 | | ☺ |
| | | | ☺ |
| | | | ☺ |
| | 목 | | ☺ |
| | | | ☺ |
| | | | ☺ |

| 날짜 | 요일 | 오늘 할 공부 | 확인 |
|---|---|---|---|
| | 금 | | ☺ |
| | | | ☺ |
| | | | ☺ |
| | 토 | | ☺ |
| | | | ☺ |
| | | | ☺ |
| | 일 | | ☺ |
| | | | ☺ |
| | | | ☺ |
| 칭찬 폭탄 | | | ☺ |

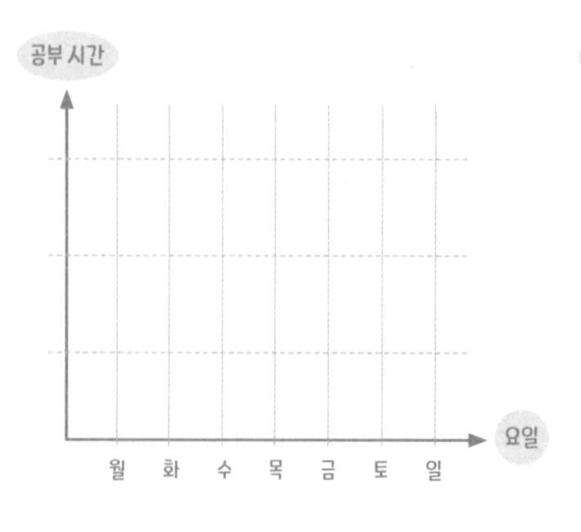


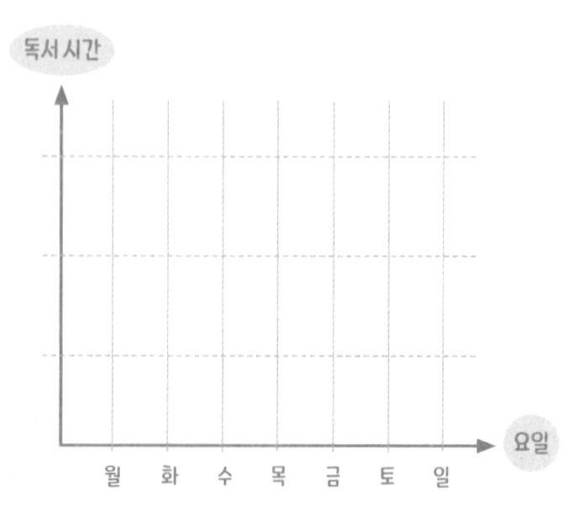


※ 요일별로 공부와 독서 시간을 그래프로 그려보세요.

| 날짜 | 요일 | 오늘 할 공부 | 확인 | 날짜 | 요일 | 오늘 할 공부 | 확인 |
|---|---|---|---|---|---|---|---|
| | 월 | | ☺ | | 금 | | ☺ |
| | | | ☺ | | | | ☺ |
| | | | ☺ | | | | ☺ |
| | 화 | | ☺ | | 토 | | ☺ |
| | | | ☺ | | | | ☺ |
| | | | ☺ | | | | ☺ |
| | 수 | | ☺ | | 일 | | ☺ |
| | | | ☺ | | | | ☺ |
| | | | ☺ | | | | ☺ |
| | 목 | | ☺ | 칭찬 폭탄 | | | ☺ |
| | | | ☺ | | | | |
| | | | ☺ | | | | |

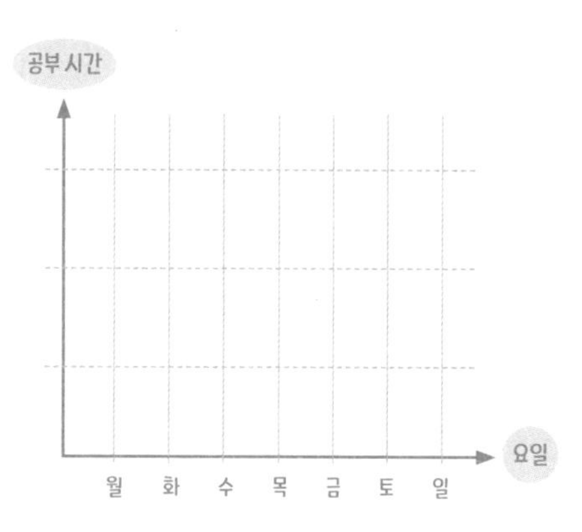


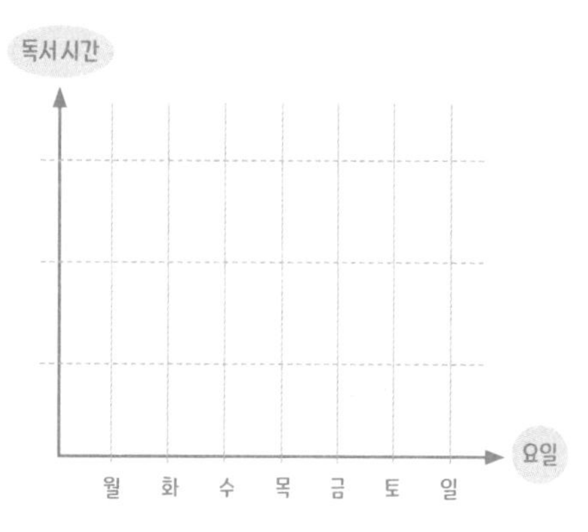


※ 요일별로 공부와 독서 시간을 그래프로 그려보세요.

# 월 주

| 날짜 | 요일 | 오늘 할 공부 | 확인 |
|---|---|---|---|
| | 월 | | ☺ |
| | | | ☺ |
| | | | ☺ |
| | 화 | | ☺ |
| | | | ☺ |
| | | | ☺ |
| | 수 | | ☺ |
| | | | ☺ |
| | | | ☺ |
| | 목 | | ☺ |
| | | | ☺ |
| | | | ☺ |

| 날짜 | 요일 | 오늘 할 공부 | 확인 |
|---|---|---|---|
| | 금 | | ☺ |
| | | | ☺ |
| | | | ☺ |
| | 토 | | ☺ |
| | | | ☺ |
| | | | ☺ |
| | 일 | | ☺ |
| | | | ☺ |
| | | | ☺ |
| 칭찬 폭탄 | | | ☺ |

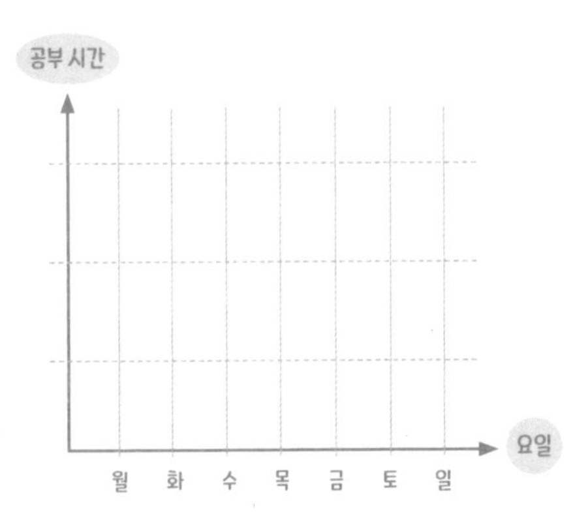


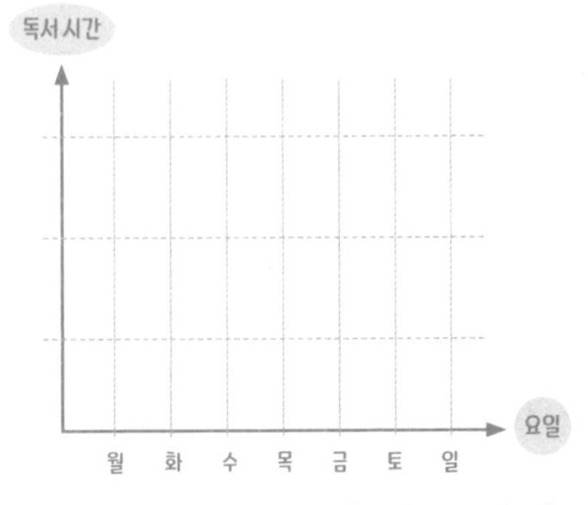


※ 요일별로 공부와 독서 시간을 그래프로 그려보세요.

월 주

| 날짜 | 요일 | 오늘 할 공부 | 확인 |
|---|---|---|---|
| | 월 | | ☺ |
| | | | ☺ |
| | | | ☺ |
| | 화 | | ☺ |
| | | | ☺ |
| | | | ☺ |
| | 수 | | ☺ |
| | | | ☺ |
| | | | ☺ |
| | 목 | | ☺ |
| | | | ☺ |
| | | | ☺ |

| 날짜 | 요일 | 오늘 할 공부 | 확인 |
|---|---|---|---|
| | 금 | | ☺ |
| | | | ☺ |
| | | | ☺ |
| | 토 | | ☺ |
| | | | ☺ |
| | | | ☺ |
| | 일 | | ☺ |
| | | | ☺ |
| | | | ☺ |
| 칭찬 폭탄 | | | ☺ |

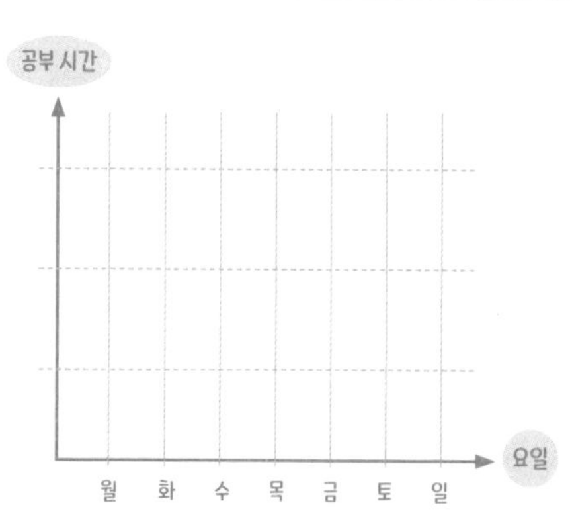


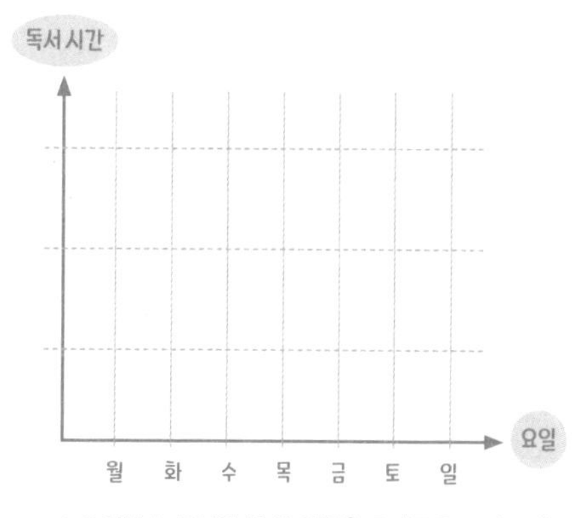


※ 요일별로 공부와 독서 시간을 그래프로 그려보세요.

# 월 주

| 날짜 | 요일 | 오늘 할 공부 | 확인 |
|---|---|---|---|
| | 월 | | ☺ |
| | | | ☺ |
| | | | ☺ |
| | 화 | | ☺ |
| | | | ☺ |
| | | | ☺ |
| | 수 | | ☺ |
| | | | ☺ |
| | | | ☺ |
| | 목 | | ☺ |
| | | | ☺ |
| | | | ☺ |

| 날짜 | 요일 | 오늘 할 공부 | 확인 |
|---|---|---|---|
| | 금 | | ☺ |
| | | | ☺ |
| | | | ☺ |
| | 토 | | ☺ |
| | | | ☺ |
| | | | ☺ |
| | 일 | | ☺ |
| | | | ☺ |
| | | | ☺ |
| 칭찬 폭탄 | | | ☺ |

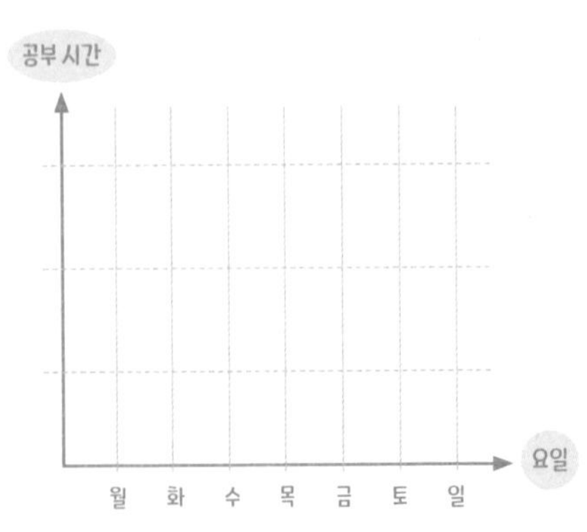


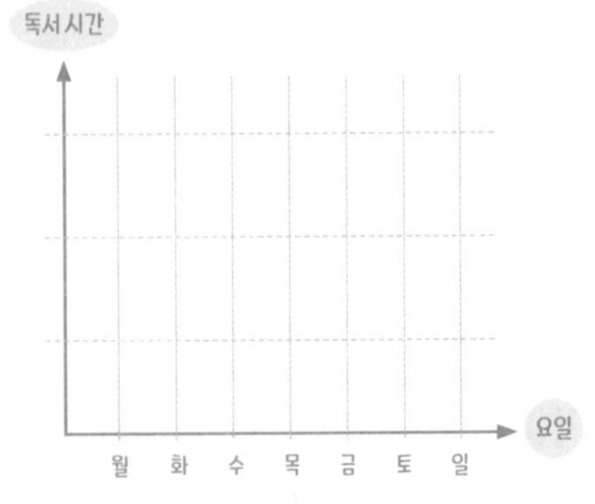


※ 요일별로 공부와 독서 시간을 그래프로 그려보세요.

이번 달도 최선을 다한
사랑하는 우리 귀염둥이에게♡

## 사회 영역별 공부법

사회 공부의 핵심은 교과서에 나오는 새로운 단어들의 뜻을 정확하게 아는 일입니다. 잘 모르는 단어가 나오면 지나치지 말고 확인하고 암기하는 습관을 기르세요. 그것을 위해서는 사회 교과서의 복습이 중요하겠지요. 교과서의 내용을 반복적으로 읽고 암기하면서, 그 내용이 머릿속에 완전히 새겨지도록 하는 것을 목표로 하세요.

### 1. 말로 설명해보세요.

오늘 새롭게 배운 내용, 새롭게 알게 된 어휘가 있다면 머릿속에 떠올려보고 가족, 친구에게 말로 설명해보세요. 어떤 내용을 잘 알고 있는지 아닌지를 확인하는 가장 좋은 방법은 '다른 사람에게 설명할 수 있는가'인데요, 실제로 다른 사람에게 설명하고 나면 훨씬 더 오랜 시간 뇌에 기억된다고 하네요. 말할 상대가 없다면 눈을 감고 교과서의 내용을 떠올리며 혼잣말로 설명하는 것도 좋습니다.

### 2. 공책에 정리해보세요.

빈 공책을 펼쳐 말로 설명했던 내용을 하나씩 적어 보세요. 예를 들어 '민주주의'라는 개념이 오늘 사회 시간에 처음으로 등장했다면 교과서를 다시 보면서 그 뜻을 익히고, 말로 설명해보고, 내용을 공책에

적는 거예요. 머릿속에만 있던 개념, 잘 알고 있다고 생각했던 개념을 말과 글로 표현해보면 내가 정확하게 알지 못했던 부분이 어디인지를 정확하게 점검할 수 있습니다. 이렇게 개념이 확실하게 정리되어 있으면 어떤 유형의 문제가 나와도 어려움 없이 풀어낼 수 있답니다.

### 3. 다양하고 깊은 독서에 도전하세요.

유독 사회 시간에 자신감 있고 즐거워하는 친구들의 공통점은 책을 좋아한다는 것이에요. 평소에 다양한 종류의 책을 읽어왔던 친구들은 사회 시간이 되면 책에서 읽었던 내용을 만나 반가워합니다. 사회라는 과목이 우리가 살아가는 일상에 관한 내용, 살아온 역사에 관한 내용이기 때문이지요. 내가 별로 관심이 없는 주제의 책이라 하더라도 기회가 되는대로 한 권씩 도전해보세요. 이제껏 잘 몰라서 읽지 않았던 내용이라도 막상 읽어보면 재미있고 상식을 풍부하게 넓히는 기회가 될 수 있거든요. 책에서 봤던 내용이 쏟아져 나오는 사회 시간이 재미있어지는 건 당연하고요.

### 4. 사회 공부를 도와주는 유익한 프로그램이 있어요.

MBC <선을 넘는 녀석들>, tvN <어쩌다 어른>, <요즘책방: 책 읽어드립니다>라는 프로그램을 보면 재미있으면서도 사회 수업을 자신감 넘치게 만들어 줄 유익한 지식도 얻을 수 있답니다. EBS 채널의 다큐멘터리 중에도 사회 수업에 도움 될 만한 주제의 프로그램이 많아요. 부모님과 함께 보면서 대화를 나누어 보고 새로운 지식도 얻을 수 있는 유익한 텔레비전 프로그램, 영상을 찾아보세요.

# 년 월

| 일요일 SUNDAY | 월요일 MONDAY | 화요일 TUESDAY | 수요일 WEDNESDAY | 목요일 THURSDAY | 금요일 FRIDAY | 토요일 SATURDAY |
|---|---|---|---|---|---|---|
| | | | | | | |
| | | | | | | |
| | | | | | | |
| | | | | | | |
| | | | | | | |

"100번만 반복하면 그것이 당신 인생의 무기가 된다"

GOAL:

CANDY:

EVENT:

# 성공의 탑 쌓기

| CANDY | | | | | | | | |
|---|---|---|---|---|---|---|---|---|
| 30일 | | | | | | | | |
| 29일 | | | | | | | | |
| 28일 | | | | | | | | |
| 27일 | | | | | | | | |
| 26일 | | | | | | | | |
| 25일 | | | | | | | | |
| 24일 | | | | | | | | |
| 23일 | | | | | | | | |
| 22일 | | | | | | | | |
| 21일 | | | | | | | | |
| 20일 | | | | | | | | |
| 19일 | | | | | | | | |
| 18일 | | | | | | | | |
| 17일 | | | | | | | | |
| 16일 | | | | | | | | |
| 15일 | | | | | | | | |
| 14일 | | | | | | | | |
| 13일 | | | | | | | | |
| 12일 | | | | | | | | |
| 11일 | | | | | | | | |
| 10일 | | | | | | | | |
| 9일 | | | | | | | | |
| 8일 | | | | | | | | |
| 7일 | | | | | | | | |
| 6일 | | | | | | | | |
| 5일 | | | | | | | | |
| 4일 | | | | | | | | |
| 3일 | | | | | | | | |
| 2일 | | | | | | | | |
| 1일 | | | | | | | | |
| 과목 | | | | | | | | |

# 월 주

| 날짜 | 요일 | 오늘 할 공부 | 확인 |
|---|---|---|---|
| | 월 | | |
| | | | |
| | | | |
| | 화 | | |
| | | | |
| | | | |
| | 수 | | |
| | | | |
| | | | |
| | 목 | | |
| | | | |
| | | | |

| 날짜 | 요일 | 오늘 할 공부 | 확인 |
|---|---|---|---|
| | 금 | | |
| | | | |
| | | | |
| | 토 | | |
| | | | |
| | | | |
| | 일 | | |
| | | | |
| | | | |
| 칭찬 폭탄 | | | |

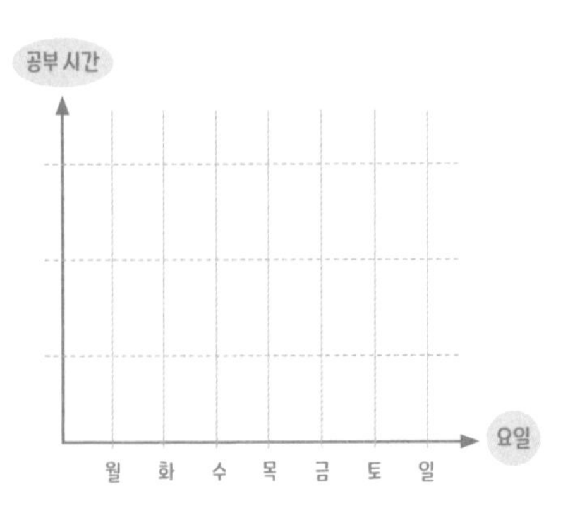


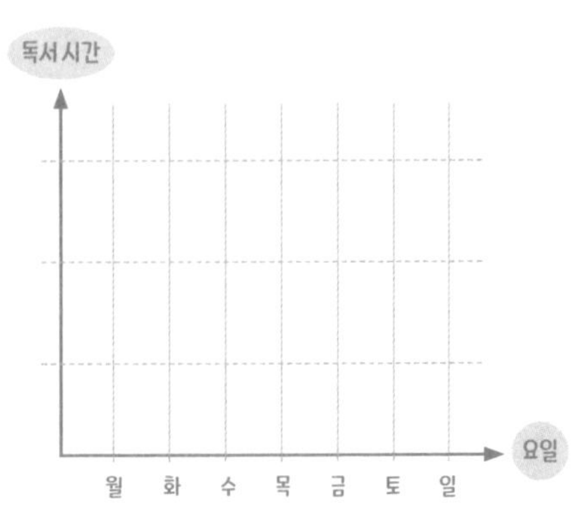


※ 요일별로 공부와 독서 시간을 그래프로 그려보세요.

| 날짜 | 요일 | 오늘 할 공부 | 확인 | 날짜 | 요일 | 오늘 할 공부 | 확인 |
|---|---|---|---|---|---|---|---|
| | 월 | | ☺ | | 금 | | ☺ |
| | | | ☺ | | | | ☺ |
| | | | ☺ | | | | ☺ |
| | 화 | | ☺ | | 토 | | ☺ |
| | | | ☺ | | | | ☺ |
| | | | ☺ | | | | ☺ |
| | 수 | | ☺ | | 일 | | ☺ |
| | | | ☺ | | | | ☺ |
| | | | ☺ | | | | ☺ |
| | 목 | | ☺ | 칭찬 폭탄 | | | ☺ |
| | | | ☺ | | | | |
| | | | ☺ | | | | |

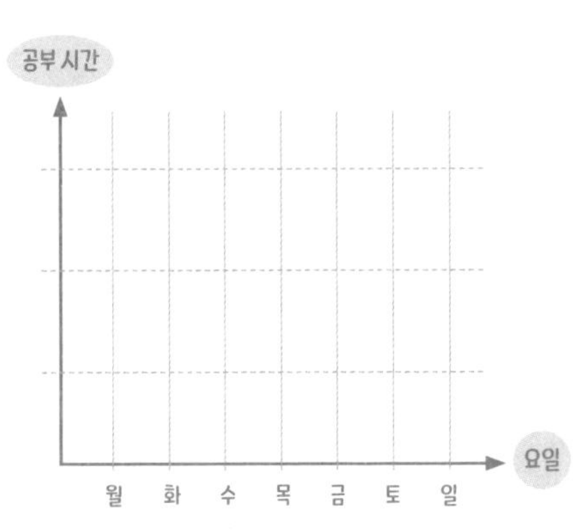


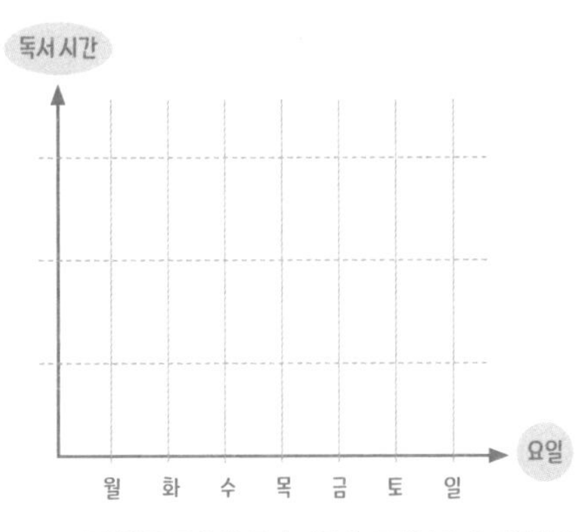


※ 요일별로 공부와 독서 시간을 그래프로 그려보세요.

# 월 주

| 날짜 | 요일 | 오늘 할 공부 | 확인 | 날짜 | 요일 | 오늘 할 공부 | 확인 |
|---|---|---|---|---|---|---|---|
| | 월 | | ☺ | | 금 | | ☺ |
| | | | ☺ | | | | ☺ |
| | | | ☺ | | | | ☺ |
| | 화 | | ☺ | | 토 | | ☺ |
| | | | ☺ | | | | ☺ |
| | | | ☺ | | | | ☺ |
| | 수 | | ☺ | | 일 | | ☺ |
| | | | ☺ | | | | ☺ |
| | | | ☺ | | | | ☺ |
| | 목 | | ☺ | 칭찬 폭탄 | | | ☺ |
| | | | ☺ | | | | |
| | | | ☺ | | | | |

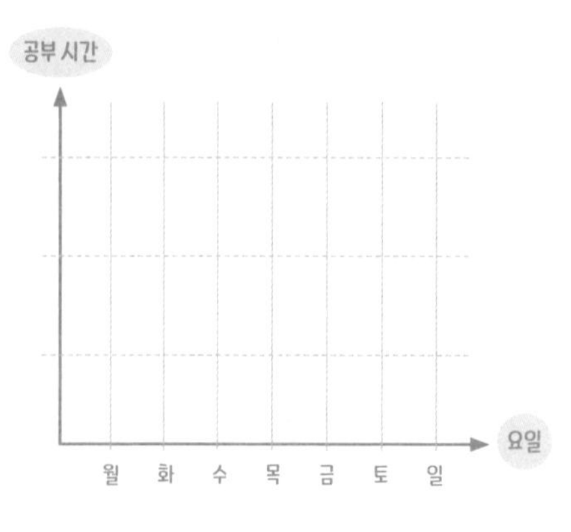


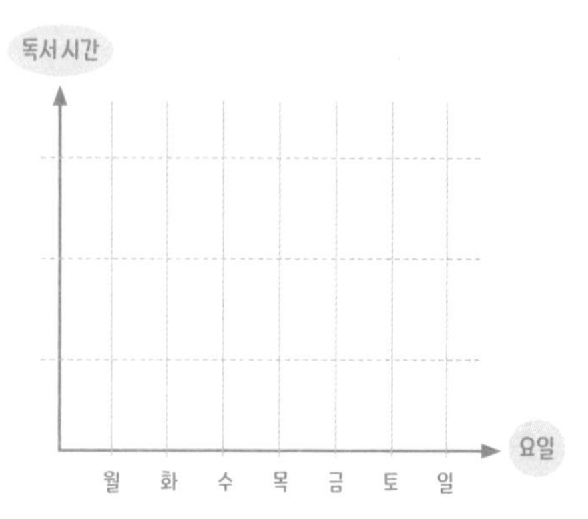


※ 요일별로 공부와 독서 시간을 그래프로 그려보세요.

# 월 주

| 날짜 | 요일 | 오늘 할 공부 | 확인 | 날짜 | 요일 | 오늘 할 공부 | 확인 |
|---|---|---|---|---|---|---|---|
| | 월 | | ☺ | | 금 | | ☺ |
| | | | ☺ | | | | ☺ |
| | | | ☺ | | | | ☺ |
| | 화 | | ☺ | | 토 | | ☺ |
| | | | ☺ | | | | ☺ |
| | | | ☺ | | | | ☺ |
| | 수 | | ☺ | | 일 | | ☺ |
| | | | ☺ | | | | ☺ |
| | | | ☺ | | | | ☺ |
| | 목 | | ☺ | 칭찬 폭탄 | | | ☺ |
| | | | ☺ | | | | |
| | | | ☺ | | | | |

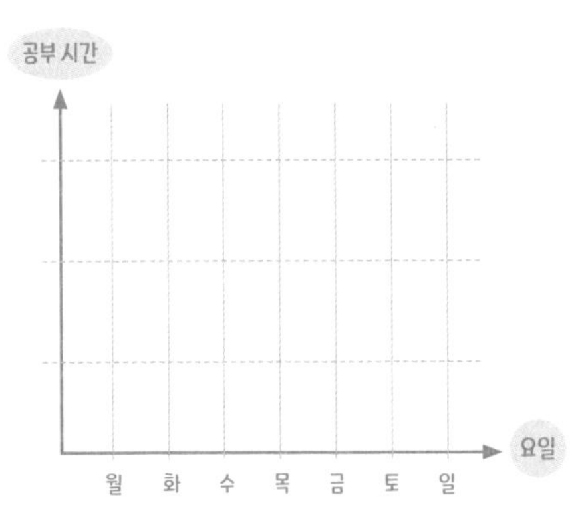


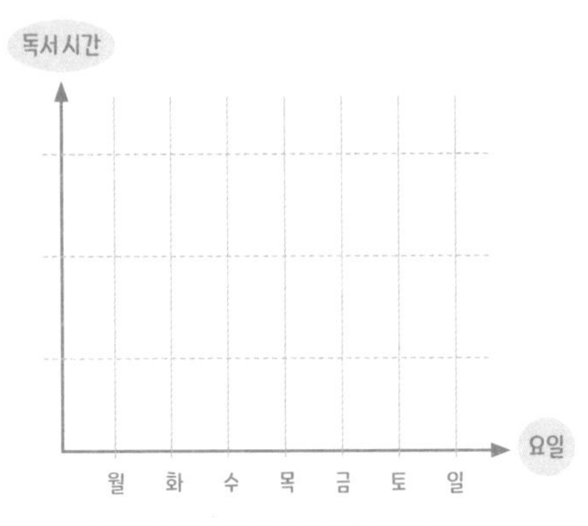


※ 요일별로 공부와 독서 시간을 그래프로 그려보세요.

# 월 주

| 날짜 | 요일 | 오늘 할 공부 | 확인 | 날짜 | 요일 | 오늘 할 공부 | 확인 |
|---|---|---|---|---|---|---|---|
| | 월 | | ☺ | | 금 | | ☺ |
| | | | ☺ | | | | ☺ |
| | | | ☺ | | | | ☺ |
| | 화 | | ☺ | | 토 | | ☺ |
| | | | ☺ | | | | ☺ |
| | | | ☺ | | | | ☺ |
| | 수 | | ☺ | | 일 | | ☺ |
| | | | ☺ | | | | ☺ |
| | | | ☺ | | | | ☺ |
| | 목 | | ☺ | 칭찬 폭탄 | | | ☺ |
| | | | ☺ | | | | |
| | | | ☺ | | | | |

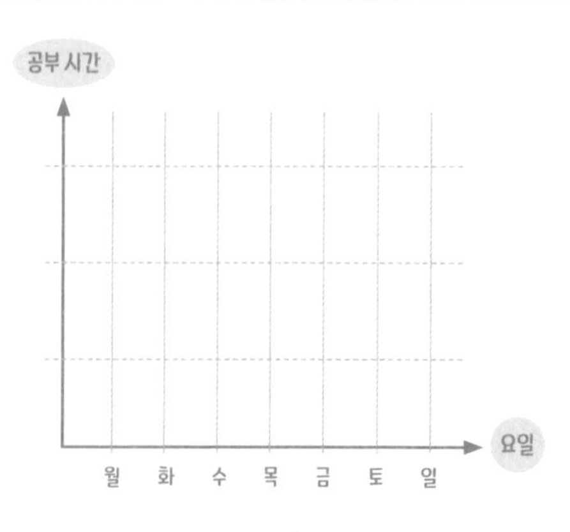


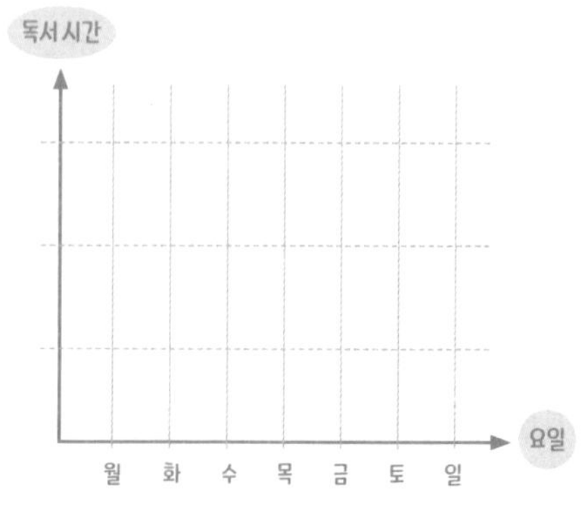


※ 요일별로 공부와 독서 시간을 그래프로 그려보세요.

이번 달도 최선을 다한
사랑하는 우리 귀염둥이에게

## 년 월

| 일요일 SUNDAY | 월요일 MONDAY | 화요일 TUESDAY | 수요일 WEDNESDAY | 목요일 THURSDAY | 금요일 FRIDAY | 토요일 SATURDAY |
|---|---|---|---|---|---|---|
| | | | | | | |
| | | | | | | |
| | | | | | | |
| | | | | | | |
| | | | | | | |

"100번만 반복하면 그것이 당신 인생의 무기가 된다"

GOAL:

CANDY:

EVENT:

# 성공의 탑 쌓기

| CANDY | | | | | | | | |
|---|---|---|---|---|---|---|---|---|
| 30일 | | | | | | | | |
| 29일 | | | | | | | | |
| 28일 | | | | | | | | |
| 27일 | | | | | | | | |
| 26일 | | | | | | | | |
| 25일 | | | | | | | | |
| 24일 | | | | | | | | |
| 23일 | | | | | | | | |
| 22일 | | | | | | | | |
| 21일 | | | | | | | | |
| 20일 | | | | | | | | |
| 19일 | | | | | | | | |
| 18일 | | | | | | | | |
| 17일 | | | | | | | | |
| 16일 | | | | | | | | |
| 15일 | | | | | | | | |
| 14일 | | | | | | | | |
| 13일 | | | | | | | | |
| 12일 | | | | | | | | |
| 11일 | | | | | | | | |
| 10일 | | | | | | | | |
| 9일 | | | | | | | | |
| 8일 | | | | | | | | |
| 7일 | | | | | | | | |
| 6일 | | | | | | | | |
| 5일 | | | | | | | | |
| 4일 | | | | | | | | |
| 3일 | | | | | | | | |
| 2일 | | | | | | | | |
| 1일 | | | | | | | | |
| 과목 | | | | | | | | |

# 월 주

| 날짜 | 요일 | 오늘 할 공부 | 확인 | 날짜 | 요일 | 오늘 할 공부 | 확인 |
|---|---|---|---|---|---|---|---|
| | 월 | | ☺ | | 금 | | ☺ |
| | | | ☺ | | | | ☺ |
| | | | ☺ | | | | ☺ |
| | 화 | | ☺ | | 토 | | ☺ |
| | | | ☺ | | | | ☺ |
| | | | ☺ | | | | ☺ |
| | 수 | | ☺ | | 일 | | ☺ |
| | | | ☺ | | | | ☺ |
| | | | ☺ | | | | ☺ |
| | 목 | | ☺ | 칭찬 폭탄 | | | ☺ |
| | | | ☺ | | | | |
| | | | ☺ | | | | |

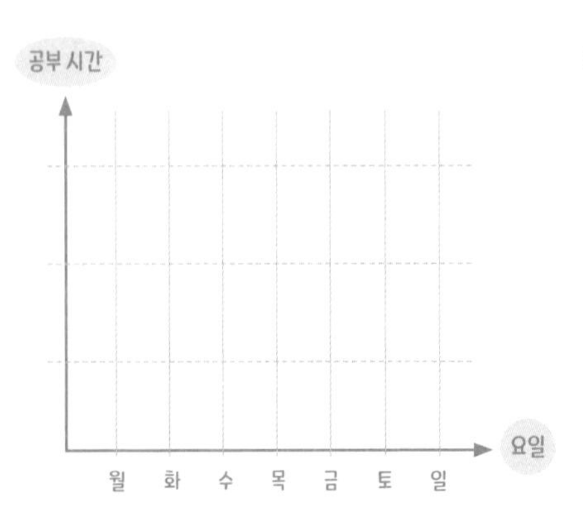


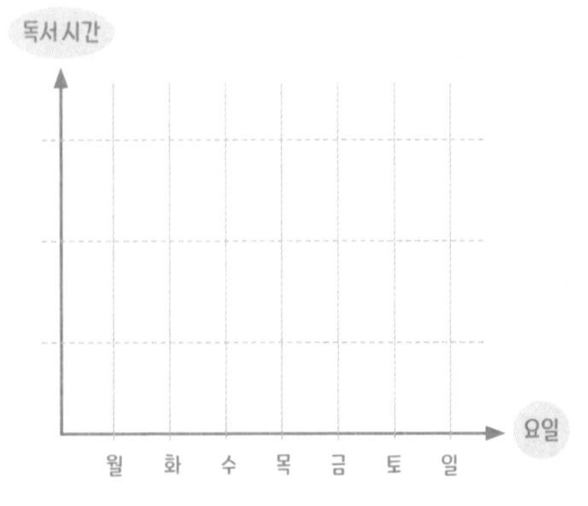


※ 요일별로 공부와 독서 시간을 그래프로 그려보세요.

# 월 주

| 날짜 | 요일 | 오늘 할 공부 | 확인 | 날짜 | 요일 | 오늘 할 공부 | 확인 |
|---|---|---|---|---|---|---|---|
| | 월 | | ☺ | | 금 | | ☺ |
| | | | ☺ | | | | ☺ |
| | | | ☺ | | | | ☺ |
| | 화 | | ☺ | | 토 | | ☺ |
| | | | ☺ | | | | ☺ |
| | | | ☺ | | | | ☺ |
| | 수 | | ☺ | | 일 | | ☺ |
| | | | ☺ | | | | ☺ |
| | | | ☺ | | | | ☺ |
| | 목 | | ☺ | 칭찬 폭탄 | | | ☺ |
| | | | ☺ | | | | |
| | | | ☺ | | | | |

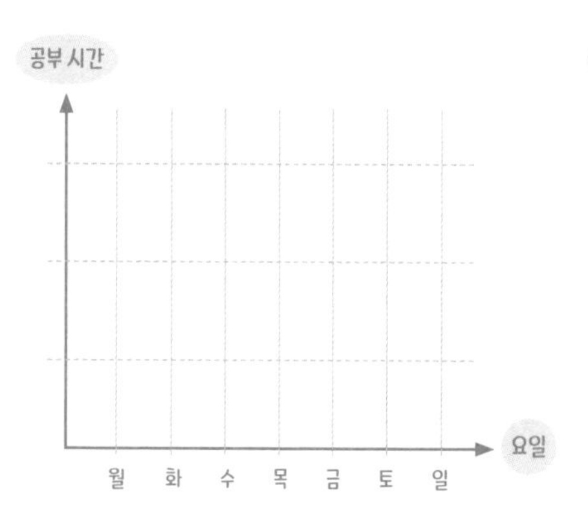


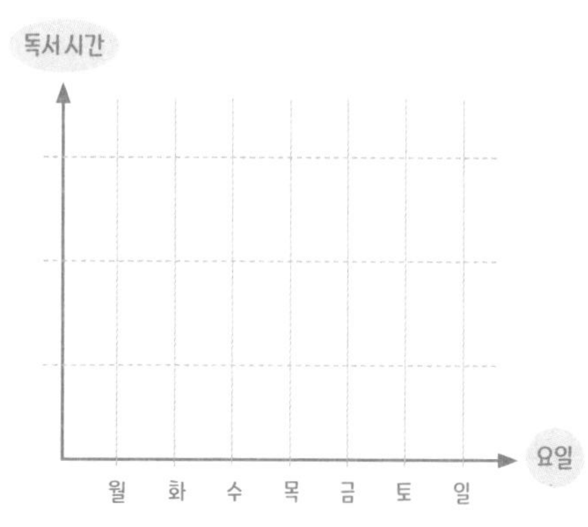


※ 요일별로 공부와 독서 시간을 그래프로 그려보세요.

# 월 주

| 날짜 | 요일 | 오늘 할 공부 | 확인 | 날짜 | 요일 | 오늘 할 공부 | 확인 |
|---|---|---|---|---|---|---|---|
| | 월 | | ☺ | | 금 | | ☺ |
| | | | ☺ | | | | ☺ |
| | | | ☺ | | | | ☺ |
| | 화 | | ☺ | | 토 | | ☺ |
| | | | ☺ | | | | ☺ |
| | | | ☺ | | | | ☺ |
| | 수 | | ☺ | | 일 | | ☺ |
| | | | ☺ | | | | ☺ |
| | | | ☺ | | | | ☺ |
| | 목 | | ☺ | 칭찬 폭탄 | | | ☺ |
| | | | ☺ | | | | |
| | | | ☺ | | | | |

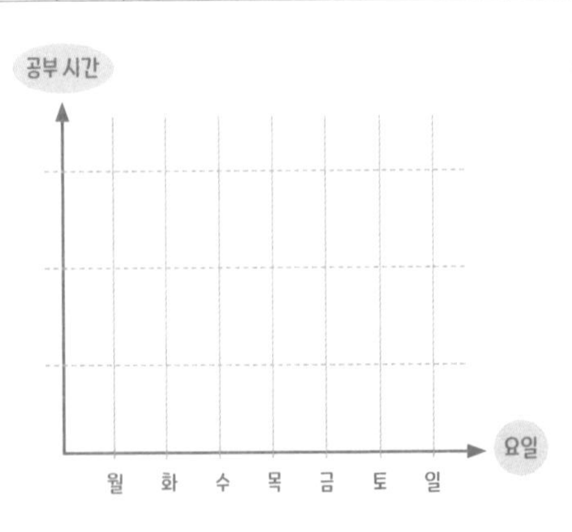


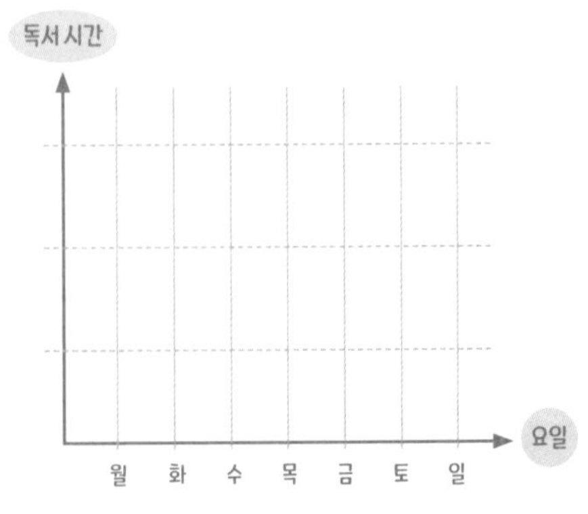


※ 요일별로 공부와 독서 시간을 그래프로 그려보세요.

월 주

| 날짜 | 요일 | 오늘 할 공부 | 확인 | 날짜 | 요일 | 오늘 할 공부 | 확인 |
|---|---|---|---|---|---|---|---|
| | 월 | | ☺ | | 금 | | ☺ |
| | | | ☺ | | | | ☺ |
| | | | ☺ | | | | ☺ |
| | 화 | | ☺ | | 토 | | ☺ |
| | | | ☺ | | | | ☺ |
| | | | ☺ | | | | ☺ |
| | 수 | | ☺ | | 일 | | ☺ |
| | | | ☺ | | | | ☺ |
| | | | ☺ | | | | ☺ |
| | 목 | | ☺ | 칭찬 폭탄 | | | ☺ |
| | | | ☺ | | | | |
| | | | ☺ | | | | |

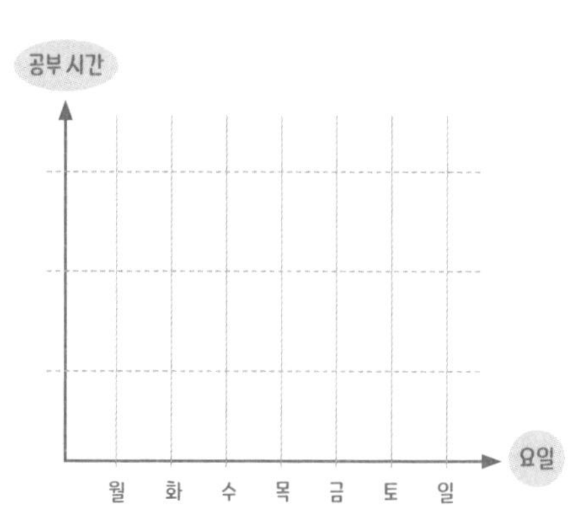


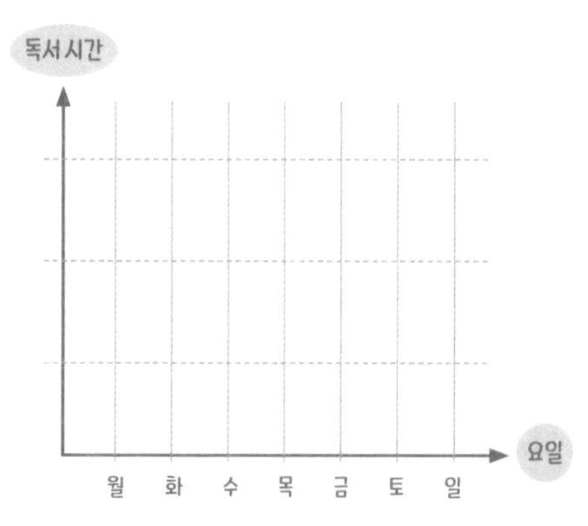


※ 요일별로 공부와 독서 시간을 그래프로 그려보세요.

# 월 주

| 날짜 | 요일 | 오늘 할 공부 | 확인 | 날짜 | 요일 | 오늘 할 공부 | 확인 |
|---|---|---|---|---|---|---|---|
| | 월 | | ☺ | | 금 | | ☺ |
| | | | ☺ | | | | ☺ |
| | | | ☺ | | | | ☺ |
| | 화 | | ☺ | | 토 | | ☺ |
| | | | ☺ | | | | ☺ |
| | | | ☺ | | | | ☺ |
| | 수 | | ☺ | | 일 | | ☺ |
| | | | ☺ | | | | ☺ |
| | | | ☺ | | | | ☺ |
| | 목 | | ☺ | 칭찬 폭탄 | | | ☺ |
| | | | ☺ | | | | |
| | | | ☺ | | | | |

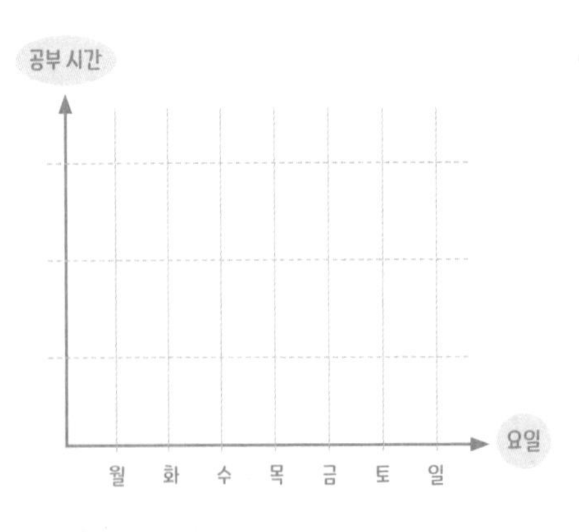


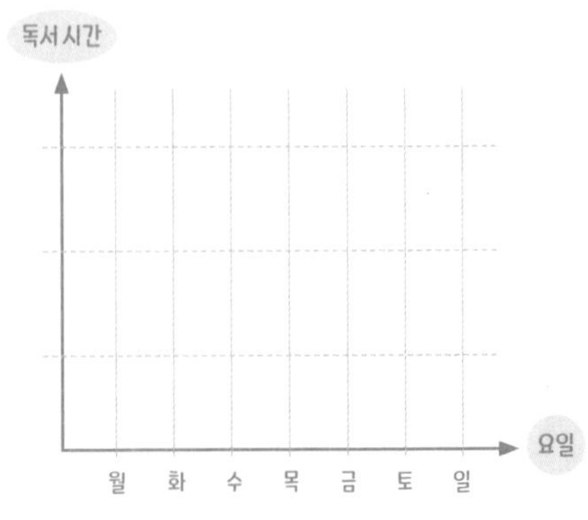


※ 요일별로 공부와 독서 시간을 그래프로 그려보세요.

이번 달도 최선을 다한
사랑하는 우리 귀염둥이에게♥

## 과학 영역별 공부법

과학 과목을 좋아하는 이유는 실험해볼 수 있고, 동물이 많이 나오고, 평소 관심 있었던 신기한 자연 현상에 관해 공부하기 때문이겠죠? 그런데 안타깝게도 과학 시간에 접하는 내용 자체에는 관심이 많으면서도 배운 내용을 정리하는 일은 싫어하고 어렵게 느끼는 친구들이 많습니다. 실험을 통해서 관찰한 사실, 관찰을 통해 얻게 된 결론을 알아보기 쉽게 글로 정리하는 것은 과학 공부의 핵심입니다. 실험하는 순간에만 신나 하다가 정리할 때는 대충 쓰고 끝내버려서는 과학 공부의 열매를 맺기 어렵습니다. 어렵다고, 귀찮다고, 오래 걸린다고, 포기하고 대충하는 습관은 이제 버려야 해요. 과학 공부할 때 어떤 점을 중요하게 생각해야 할지 생각해 보겠습니다.

### 1. 교과서 중 <실험 관찰>이 기본입니다.

과학 시간에 과학책과 짝꿍으로 준비하는 <실험 관찰>은 주로 수업 시간의 실험을 기록하고, 새롭게 배운 내용을 정리하는 용도로 활용합니다. 또한, 단원 평가를 대비하고 배운 내용을 확인할 때도 유용한 교재입니다. 과학 단원 평가에 나오는 문제들은 <실험 관찰> 교과서에 나오는 문제의 수준, 범위를 크게 벗어나지 않습니다. 그래서 <실험 관찰> 교과서에 나오는 문제에 답을 적을 수 있도록 습관을 들여놓는 것이 좋은 공부 방법입니다.

### 2. 실험하는 것보다 중요한 것은 정확한 결론 내리기입니다.

과학 실험은 재미있습니다. 글을 읽거나 쓰기만 하는 지루한 수업에 비하면 알코올램프에 불을 붙여보고, 시험관을 흔들어보고, 암석을 만지면서 비교하는 과학 실험 시간은 정말 재미있습니다. 그런데, 많은 친구가 실험을 하는 순간에만 집중할 뿐, 실험에서 알게 되는 사실을 기록하고 그 사실을 통해 얻을 수 있는 결론에는 큰 관심이 없습니다. 과학 실험을 하는 목적은 그 실험을 통해 물질의 성질을 알아보고, 다른 물질과 비교하는 것이라는 사실을 기억하며 기록하는 일에도 최선을 다하세요.

### 3. 영화 속 장면을 그냥 지나치지 마세요.

영화는 실제보다 더욱 실제 같은 장면들이 자주 등장합니다. 자연재해, 우주, 환경 오염 등을 다루고 있는 영화, 애니메이션을 볼 기회가 있다면 영화 속 장면이 곧 과학 공부가 될 수 있답니다. 어디까지 사실이고, 허구일까 헷갈리기도 하겠지만 영화를 보면서, 그냥 지나치지 말고 '정말 저런 일이 가능할까?', '저 사건이 사실이라면 이유가 무엇일까?' 유심히 생각해 보세요. 생각하는 힘은 따로 시간을 내거나 배워서 길러지는 것이 아니고요, 일상의 사소한 일, 사소한 장면을 지나치지 않고 꼬리를 물어가며 확장하는 습관에서 시작된답니다.

# 년 월

| 일요일 SUNDAY | 월요일 MONDAY | 화요일 TUESDAY | 수요일 WEDNESDAY | 목요일 THURSDAY | 금요일 FRIDAY | 토요일 SATURDAY |
|---|---|---|---|---|---|---|
| | | | | | | |
| | | | | | | |
| | | | | | | |
| | | | | | | |
| | | | | | | |

"100번만 반복하면 그것이 당신 인생의 무기가 된다"

GOAL:

CANDY:

EVENT:

# 성공의 탑 쌓기

| CANDY | ☺ | ☺ | ☺ | ☺ | ☺ | ☺ | ☺ | ☺ |
|---|---|---|---|---|---|---|---|---|
| 30일 | | | | | | | | |
| 29일 | | | | | | | | |
| 28일 | | | | | | | | |
| 27일 | | | | | | | | |
| 26일 | | | | | | | | |
| 25일 | | | | | | | | |
| 24일 | | | | | | | | |
| 23일 | | | | | | | | |
| 22일 | | | | | | | | |
| 21일 | | | | | | | | |
| 20일 | | | | | | | | |
| 19일 | | | | | | | | |
| 18일 | | | | | | | | |
| 17일 | | | | | | | | |
| 16일 | | | | | | | | |
| 15일 | | | | | | | | |
| 14일 | | | | | | | | |
| 13일 | | | | | | | | |
| 12일 | | | | | | | | |
| 11일 | | | | | | | | |
| 10일 | | | | | | | | |
| 9일 | | | | | | | | |
| 8일 | | | | | | | | |
| 7일 | | | | | | | | |
| 6일 | | | | | | | | |
| 5일 | | | | | | | | |
| 4일 | | | | | | | | |
| 3일 | | | | | | | | |
| 2일 | | | | | | | | |
| 1일 | | | | | | | | |
| 과목 | | | | | | | | |

# 월 주

| 날짜 | 요일 | 오늘 할 공부 | 확인 | 날짜 | 요일 | 오늘 할 공부 | 확인 |
|---|---|---|---|---|---|---|---|
| | 월 | | ☺ | | 금 | | ☺ |
| | | | ☺ | | | | ☺ |
| | | | ☺ | | | | ☺ |
| | 화 | | ☺ | | 토 | | ☺ |
| | | | ☺ | | | | ☺ |
| | | | ☺ | | | | ☺ |
| | 수 | | ☺ | | 일 | | ☺ |
| | | | ☺ | | | | ☺ |
| | | | ☺ | | | | ☺ |
| | 목 | | ☺ | 칭찬 폭탄 | | | ☺ |
| | | | ☺ | | | | |
| | | | ☺ | | | | |

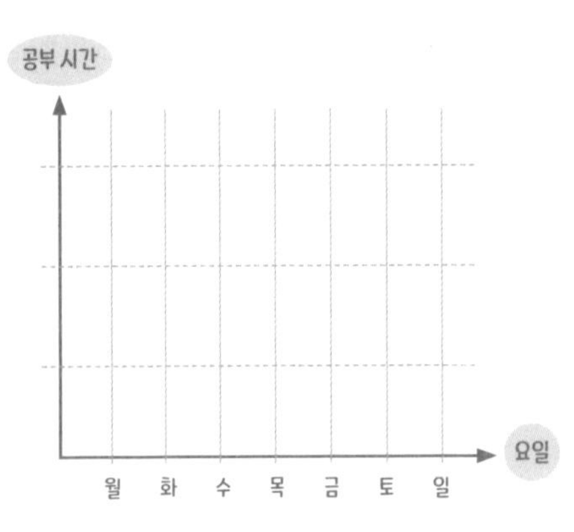


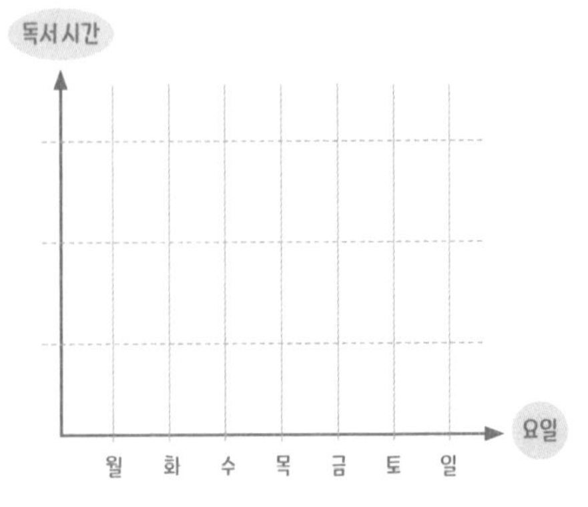


※ 요일별로 공부와 독서 시간을 그래프로 그려보세요.

# 월 주

| 날짜 | 요일 | 오늘 할 공부 | 확인 |
|---|---|---|---|
| | 월 | | ☺ |
| | | | ☺ |
| | | | ☺ |
| | 화 | | ☺ |
| | | | ☺ |
| | | | ☺ |
| | 수 | | ☺ |
| | | | ☺ |
| | | | ☺ |
| | 목 | | ☺ |
| | | | ☺ |
| | | | ☺ |

| 날짜 | 요일 | 오늘 할 공부 | 확인 |
|---|---|---|---|
| | 금 | | ☺ |
| | | | ☺ |
| | | | ☺ |
| | 토 | | ☺ |
| | | | ☺ |
| | | | ☺ |
| | 일 | | ☺ |
| | | | ☺ |
| | | | ☺ |
| 칭찬 폭탄 | | | ☺ |

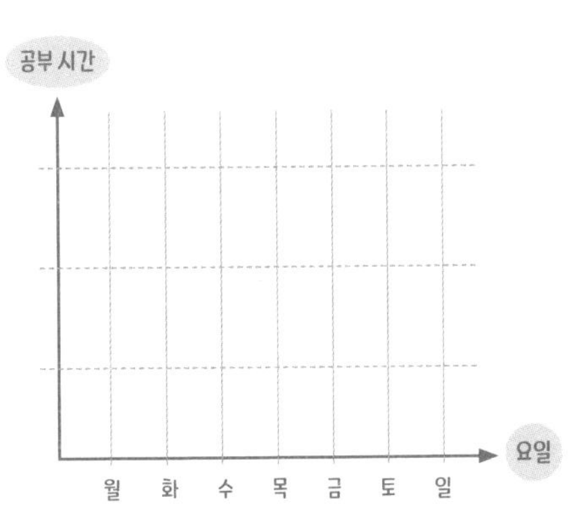


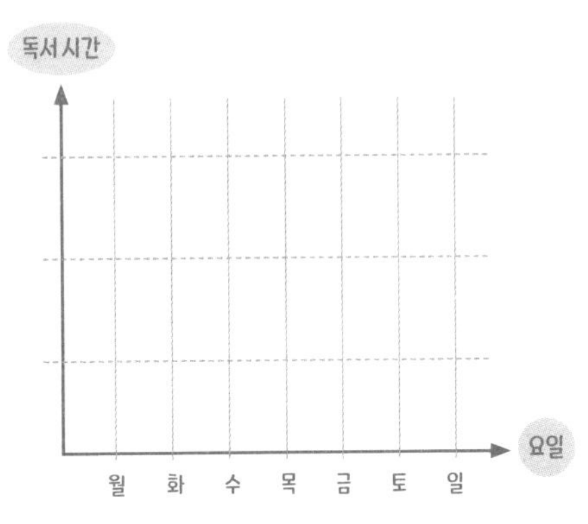


※ 요일별로 공부와 독서 시간을 그래프로 그려보세요.

# 월 주

| 날짜 | 요일 | 오늘 할 공부 | 확인 |
| --- | --- | --- | --- |
| | 월 | | ☺ |
| | | | ☺ |
| | | | ☺ |
| | 화 | | ☺ |
| | | | ☺ |
| | | | ☺ |
| | 수 | | ☺ |
| | | | ☺ |
| | | | ☺ |
| | 목 | | ☺ |
| | | | ☺ |
| | | | ☺ |

| 날짜 | 요일 | 오늘 할 공부 | 확인 |
| --- | --- | --- | --- |
| | 금 | | ☺ |
| | | | ☺ |
| | | | ☺ |
| | 토 | | ☺ |
| | | | ☺ |
| | | | ☺ |
| | 일 | | ☺ |
| | | | ☺ |
| | | | ☺ |
| 칭찬 폭탄 | | | ☺ |

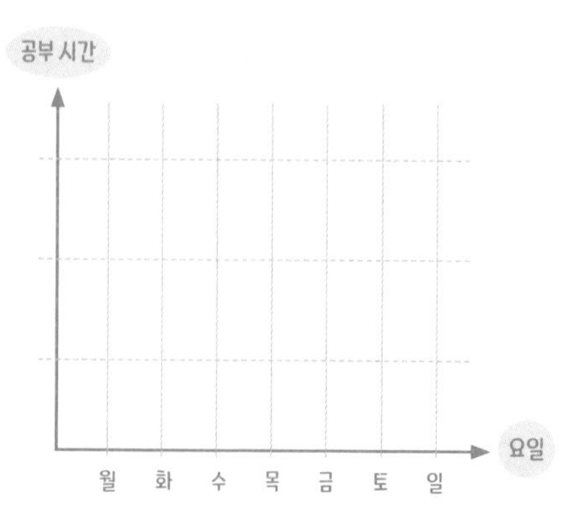


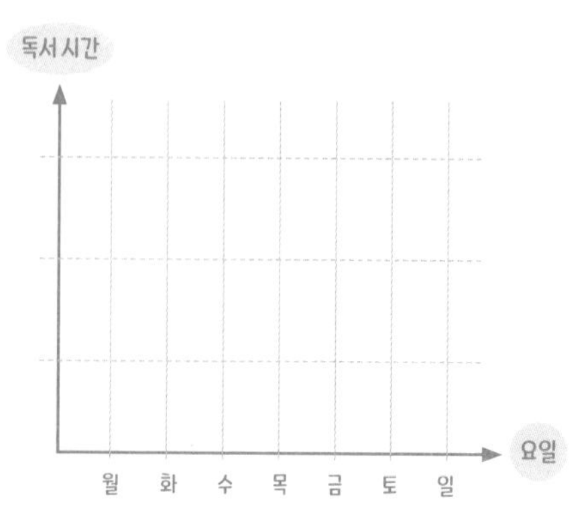


※ 요일별로 공부와 독서 시간을 그래프로 그려보세요.

월 주

| 날짜 | 요일 | 오늘 할 공부 | 확인 | 날짜 | 요일 | 오늘 할 공부 | 확인 |
|---|---|---|---|---|---|---|---|
| | 월 | | ☺ | | 금 | | ☺ |
| | | | ☺ | | | | ☺ |
| | | | ☺ | | | | ☺ |
| | 화 | | ☺ | | 토 | | ☺ |
| | | | ☺ | | | | ☺ |
| | | | ☺ | | | | ☺ |
| | 수 | | ☺ | | 일 | | ☺ |
| | | | ☺ | | | | ☺ |
| | | | ☺ | | | | ☺ |
| | 목 | | ☺ | 칭찬 폭탄 | | | ☺ |
| | | | ☺ | | | | |
| | | | ☺ | | | | |

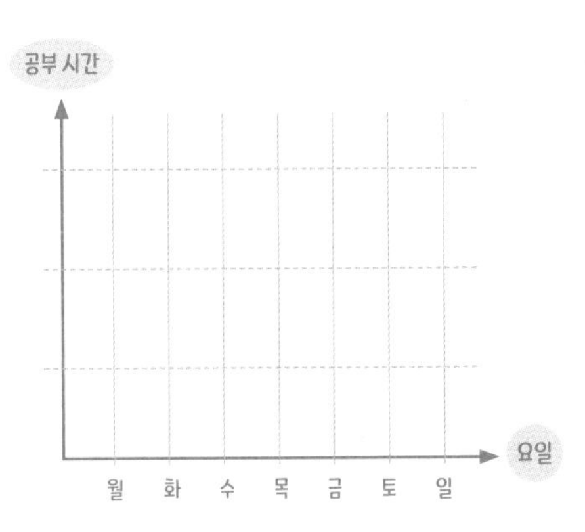


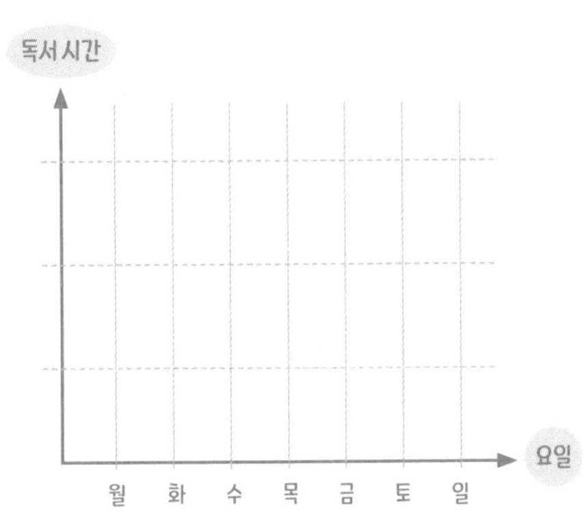


※ 요일별로 공부와 독서 시간을 그래프로 그려보세요.

# 월 주

| 날짜 | 요일 | 오늘 할 공부 | 확인 | 날짜 | 요일 | 오늘 할 공부 | 확인 |
|---|---|---|---|---|---|---|---|
| | 월 | | ☺ | | 금 | | ☺ |
| | | | ☺ | | | | ☺ |
| | | | ☺ | | | | ☺ |
| | 화 | | ☺ | | 토 | | ☺ |
| | | | ☺ | | | | ☺ |
| | | | ☺ | | | | ☺ |
| | 수 | | ☺ | | 일 | | ☺ |
| | | | ☺ | | | | ☺ |
| | | | ☺ | | | | ☺ |
| | 목 | | ☺ | 칭찬 폭탄 | | | ☺ |
| | | | ☺ | | | | |
| | | | ☺ | | | | |

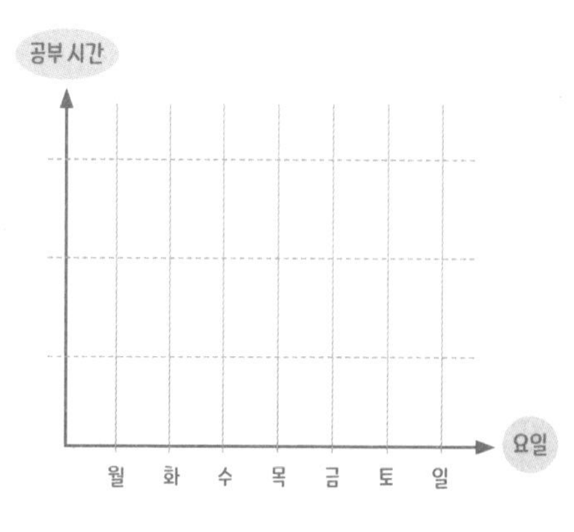


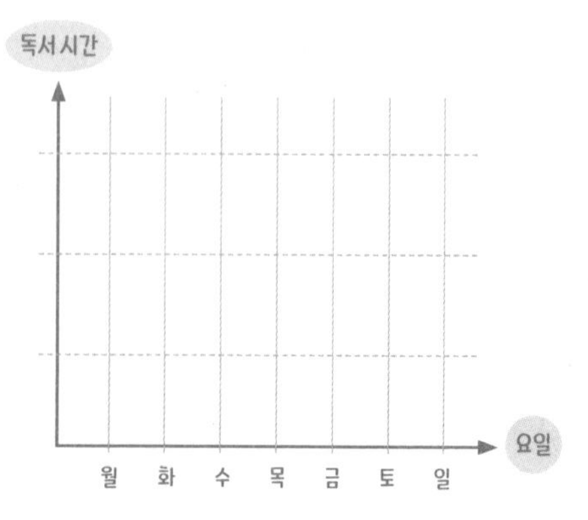


※ 요일별로 공부와 독서 시간을 그래프로 그려보세요.

이번 달도 최선을 다한
사랑하는 우리 귀염둥이에게 ♥

# 년 월

| 일요일 SUNDAY | 월요일 MONDAY | 화요일 TUESDAY | 수요일 WEDNESDAY | 목요일 THURSDAY | 금요일 FRIDAY | 토요일 SATURDAY |
|---|---|---|---|---|---|---|
| | | | | | | |
| | | | | | | |
| | | | | | | |
| | | | | | | |
| | | | | | | |

"100번만 반복하면 그것이 당신 인생의 무기가 된다"

GOAL:

CANDY:

EVENT:

# 성공의 탑 쌓기

| CANDY | | | | | | | | |
|---|---|---|---|---|---|---|---|---|
| 30일 | | | | | | | | |
| 29일 | | | | | | | | |
| 28일 | | | | | | | | |
| 27일 | | | | | | | | |
| 26일 | | | | | | | | |
| 25일 | | | | | | | | |
| 24일 | | | | | | | | |
| 23일 | | | | | | | | |
| 22일 | | | | | | | | |
| 21일 | | | | | | | | |
| 20일 | | | | | | | | |
| 19일 | | | | | | | | |
| 18일 | | | | | | | | |
| 17일 | | | | | | | | |
| 16일 | | | | | | | | |
| 15일 | | | | | | | | |
| 14일 | | | | | | | | |
| 13일 | | | | | | | | |
| 12일 | | | | | | | | |
| 11일 | | | | | | | | |
| 10일 | | | | | | | | |
| 9일 | | | | | | | | |
| 8일 | | | | | | | | |
| 7일 | | | | | | | | |
| 6일 | | | | | | | | |
| 5일 | | | | | | | | |
| 4일 | | | | | | | | |
| 3일 | | | | | | | | |
| 2일 | | | | | | | | |
| 1일 | | | | | | | | |
| 과목 | | | | | | | | |

# 월 주

| 날짜 | 요일 | 오늘 할 공부 | 확인 | 날짜 | 요일 | 오늘 할 공부 | 확인 |
|---|---|---|---|---|---|---|---|
| | 월 | | ☺ | | 금 | | ☺ |
| | | | ☺ | | | | ☺ |
| | | | ☺ | | | | ☺ |
| | 화 | | ☺ | | 토 | | ☺ |
| | | | ☺ | | | | ☺ |
| | | | ☺ | | | | ☺ |
| | 수 | | ☺ | | 일 | | ☺ |
| | | | ☺ | | | | ☺ |
| | | | ☺ | | | | ☺ |
| | 목 | | ☺ | 칭찬 폭탄 | | | ☺ |
| | | | ☺ | | | | |
| | | | ☺ | | | | |

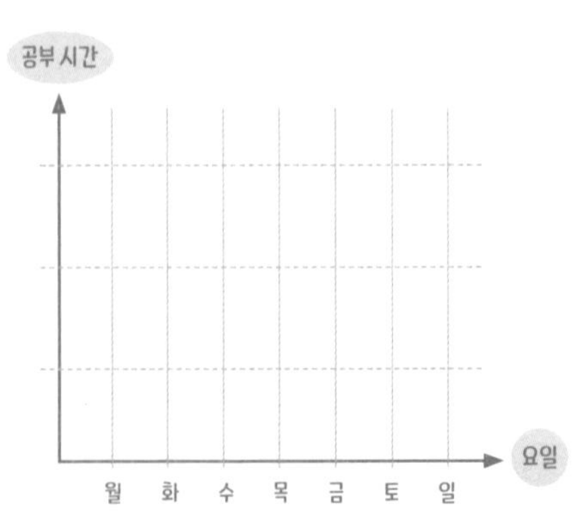


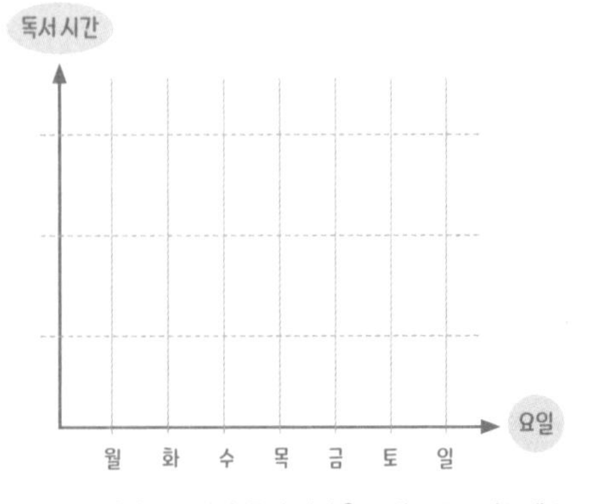


※ 요일별로 공부와 독서 시간을 그래프로 그려보세요.

## 월 주

| 날짜 | 요일 | 오늘 할 공부 | 확인 | 날짜 | 요일 | 오늘 할 공부 | 확인 |
|---|---|---|---|---|---|---|---|
| | 월 | | ☺ | | 금 | | ☺ |
| | | | ☺ | | | | ☺ |
| | | | ☺ | | | | ☺ |
| | 화 | | ☺ | | 토 | | ☺ |
| | | | ☺ | | | | ☺ |
| | | | ☺ | | | | ☺ |
| | 수 | | ☺ | | 일 | | ☺ |
| | | | ☺ | | | | ☺ |
| | | | ☺ | | | | ☺ |
| | 목 | | ☺ | 칭찬 폭탄 | | | ☺ |
| | | | ☺ | | | | |
| | | | ☺ | | | | |

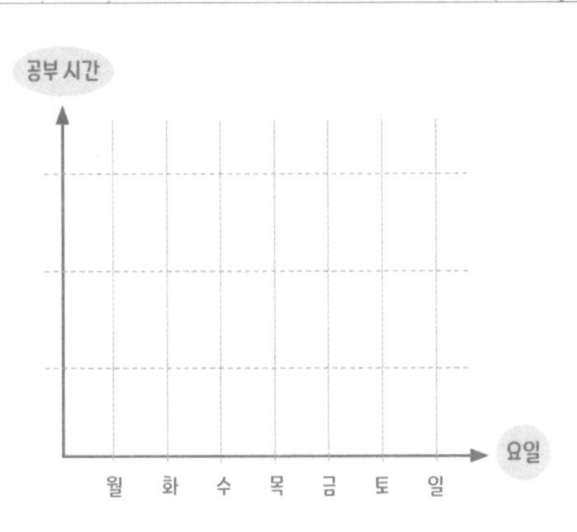


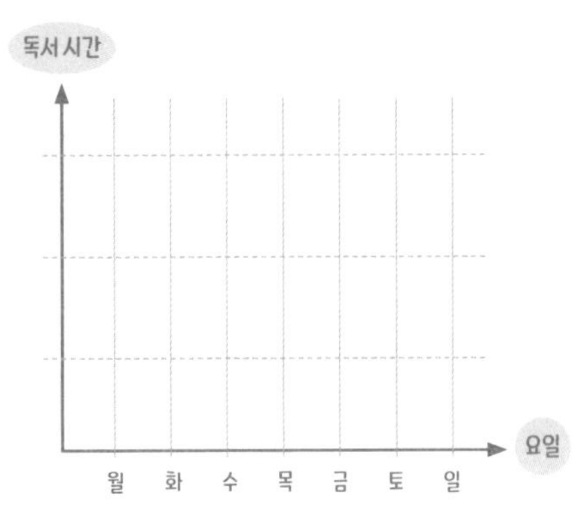


※ 요일별로 공부와 독서 시간을 그래프로 그려보세요.

# 월 주

| 날짜 | 요일 | 오늘 할 공부 | 확인 | 날짜 | 요일 | 오늘 할 공부 | 확인 |
|---|---|---|---|---|---|---|---|
| | 월 | | ☺ | | 금 | | ☺ |
| | | | ☺ | | | | ☺ |
| | | | ☺ | | | | ☺ |
| | 화 | | ☺ | | 토 | | ☺ |
| | | | ☺ | | | | ☺ |
| | | | ☺ | | | | ☺ |
| | 수 | | ☺ | | 일 | | ☺ |
| | | | ☺ | | | | ☺ |
| | | | ☺ | | | | ☺ |
| | 목 | | ☺ | 칭찬 폭탄 | | | ☺ |
| | | | ☺ | | | | |
| | | | ☺ | | | | |

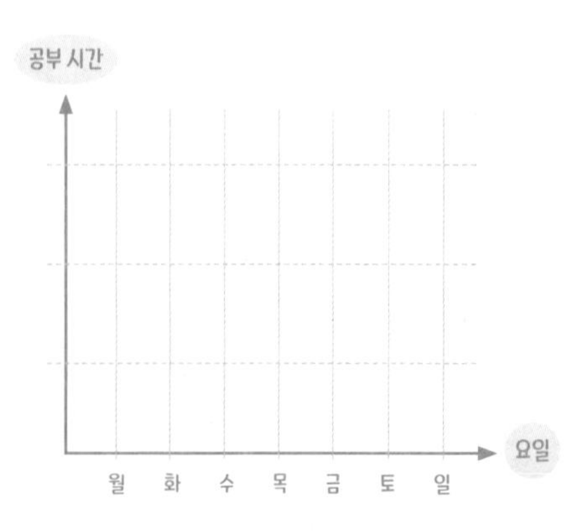


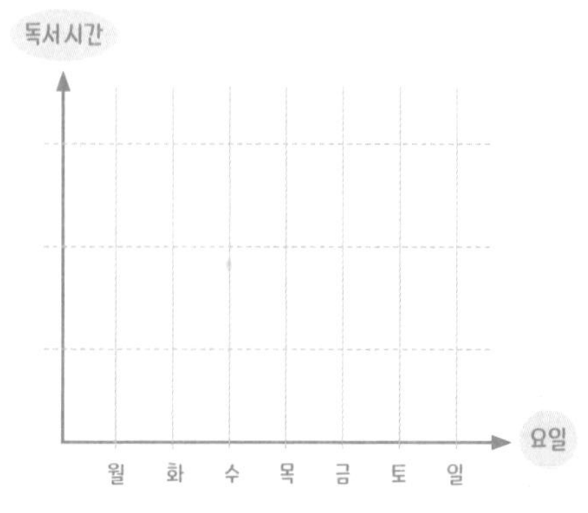


※ 요일별로 공부와 독서 시간을 그래프로 그려보세요.

월 주

| 날짜 | 요일 | 오늘 할 공부 | 확인 | 날짜 | 요일 | 오늘 할 공부 | 확인 |
|---|---|---|---|---|---|---|---|
| | 월 | | ☺ | | 금 | | ☺ |
| | | | ☺ | | | | ☺ |
| | | | ☺ | | | | ☺ |
| | 화 | | ☺ | | 토 | | ☺ |
| | | | ☺ | | | | ☺ |
| | | | ☺ | | | | ☺ |
| | 수 | | ☺ | | 일 | | ☺ |
| | | | ☺ | | | | ☺ |
| | | | ☺ | | | | ☺ |
| | 목 | | ☺ | 칭찬 폭탄 | | | ☺ |
| | | | ☺ | | | | |
| | | | ☺ | | | | |

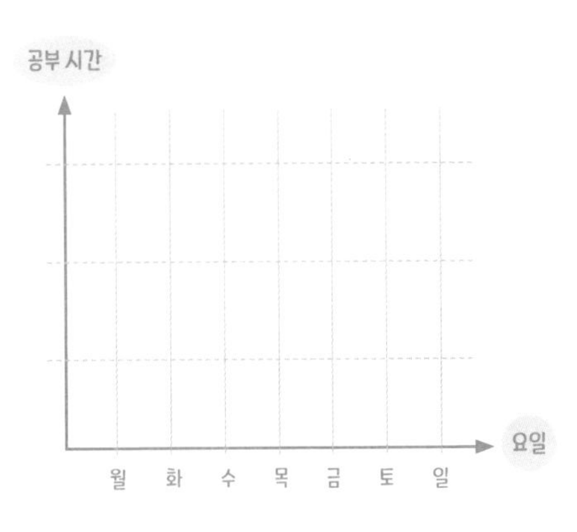


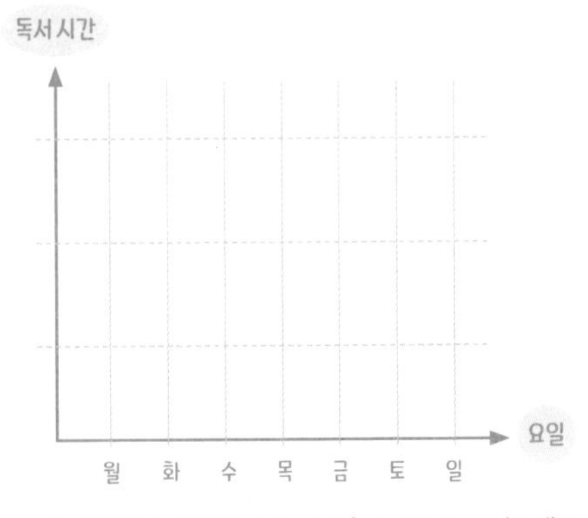


※ 요일별로 공부와 독서 시간을 그래프로 그려보세요.

# 월 주

| 날짜 | 요일 | 오늘 할 공부 | 확인 |
|---|---|---|---|
| | 월 | | ☺ |
| | | | ☺ |
| | | | ☺ |
| | 화 | | ☺ |
| | | | ☺ |
| | | | ☺ |
| | 수 | | ☺ |
| | | | ☺ |
| | | | ☺ |
| | 목 | | ☺ |
| | | | ☺ |
| | | | ☺ |

| 날짜 | 요일 | 오늘 할 공부 | 확인 |
|---|---|---|---|
| | 금 | | ☺ |
| | | | ☺ |
| | | | ☺ |
| | 토 | | ☺ |
| | | | ☺ |
| | | | ☺ |
| | 일 | | ☺ |
| | | | ☺ |
| | | | ☺ |
| 칭찬 폭탄 | | | ☺ |

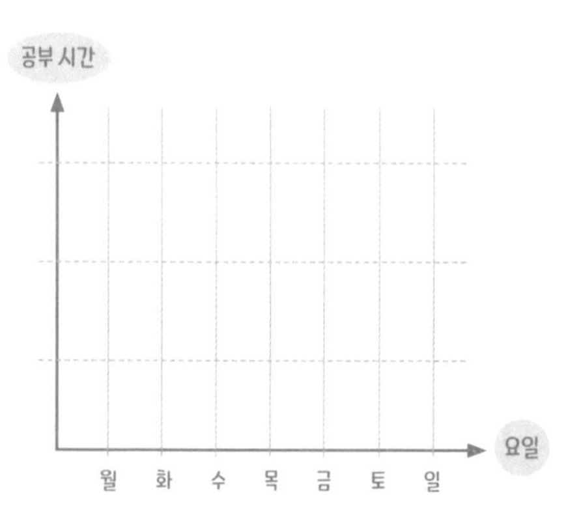


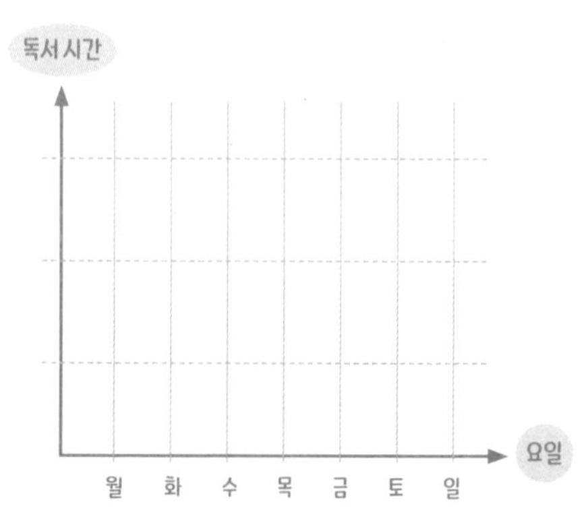


※ 요일별로 공부와 독서 시간을 그래프로 그려보세요.

이번 달도 최선을 다한
사랑하는 우리 귀염둥이에게

## 독서 이렇게 해요

초등 6년의 세월 동안 독서보다 더 중요한 공부는 없습니다. 그런데 요즘은 유튜브, 스마트폰, 게임, 텔레비전처럼 책보다 재미있고 가까운 것들이 넘쳐나면서 친구들이 점점 책을 멀리하는 것 같아 정말 안타까워요. 책을 통해 길러진 '생각하는 힘'으로 공부의 기본을 닦는 시기가 바로 초등 6년이라는 사실, 꼭 기억하세요. 독서는 어떻게 하면 좋을지 알려드릴게요.

**1. 매일 잠깐이라도 책을 읽으세요.**

시간이 많다면 되도록 많은 시간 동안 책을 읽으세요. 많이 읽을수록 좋다는 사실만 기억하세요. 학교, 학원, 방과후학교, 숙제하느라 시간이 부족하다면 10분 만이라도 좋으니 매일 책을 읽으세요. 시간이 나면 읽고, 없으면 안 읽어도 되는 게 아니고요, 평생을 멋지게 살아갈 뼈대를 다지는 중요한 일이라는 걸 기억하면서 매일의 독서를 이어가세요. 평생을 책과 친구로 지내기로 결심하세요.

**2. 책가방에는 재미있는 책 한 권을 늘 넣어두세요.**

학교 수업 시간에 시간이 남는다면 선생님께 여쭤보세요. '책 읽어도 되나요?' 괜찮다고 하시면 얼른 책가방 속 재미있는 책을 꺼내 읽기 시작하세요. 늦은 밤, 숙제를 마치고 졸린 눈을 비비며 책을 읽는 건 어려운 일이지만 수업 시간, 쉬는 시간 등의 잠깐 남는 시간을 이용하는 건 누구나 할 수 있답니다. 선생님이 시키지 않아도, 엄마가 챙겨주지 않아도 책가방 속에는 항상 가장 재미있게 읽고 있는 책 한 권이 들어있게 하세요.

### 3. 도서관과 친구가 되세요.

비가 오고 먼지가 많아 운동장에서 놀 수 없는 날, 몸이 좋지 않아 친구들과 노는 것도 귀찮은 날이라면 학교 도서관은 어떨까요? 우리 집에도 책이 많은데 도서관에 굳이 가야 할 필요가 있을까요? 네, 있습니다! '견물생심'이라는 사자성어가 있는데요. '보고 나면 마음이 생긴다'라는 뜻이에요. 책에 큰 관심이 없는 친구라도 도서관에 가서 이런저런 다양한 책들을 직접 보면 그 중 마음에 들어 읽고 싶어지는 책을 발견하게 됩니다. 그러니 아무리 귀찮아도 하루 한 번은 꼭, 학교 도서관에 들러보세요.

### 4. 만화책을 보고 싶다면요.

만화책은 재미있고 술술 잘 읽히지만 '생각하는 힘'을 길러주기에는 부족하답니다. 책에 있는 단어, 문장, 문단을 통해 생각을 이어가고 이 연습이 반복되면 더 어렵고 복잡한 내용의 책도 읽어낼 수 있거든요. 말풍선으로 주고받는 글, 짧게 토막 난 정보는 어려운 내용을 쉽게 이해하는 데 도움이 되는 건 분명하지만 깊고 높은 수준의 생각을 하도록 도와주진 않아요. 만화책을 좋아하는 친구라면 만화책 한 권을 읽을 때마다 글로 이루어진 책도 한 권씩 읽도록 스스로 규칙을 정해보세요. 재미있는 만화책도 읽으면서 어려운 내용의 책도 읽어낼 힘을 기르는 좋은 방법이 된답니다.

# 얼마나 읽었나요?

| 번호 | 날짜 | 제목 |
| --- | --- | --- |
| 1 | | |
| 2 | | |
| 3 | | |
| 4 | | |
| 5 | | |
| 6 | | |
| 7 | | |
| 8 | | |
| 9 | | |
| 10 | | |

| 번호 | 날짜 | 제목 |
| --- | --- | --- |
| 11 | | |
| 12 | | |
| 13 | | |
| 14 | | |
| 15 | | |
| 16 | | |
| 17 | | |
| 18 | | |
| 19 | | |
| 20 | | |

| 번호 | 날짜 | 제목 |
| --- | --- | --- |
| 21 | | |
| 22 | | |
| 23 | | |
| 24 | | |
| 25 | | |
| 26 | | |
| 27 | | |
| 28 | | |
| 29 | | |
| 30 | | |

| 번호 | 날짜 | 제목 |
| --- | --- | --- |
| 31 | | |
| 32 | | |
| 33 | | |
| 34 | | |
| 35 | | |
| 36 | | |
| 37 | | |
| 38 | | |
| 39 | | |
| 40 | | |

| 번호 | 날짜 | 제목 |
| --- | --- | --- |
| 41 | | |
| 42 | | |
| 43 | | |
| 44 | | |
| 45 | | |
| 46 | | |
| 47 | | |
| 48 | | |
| 49 | | |
| 50 | | |

| 번호 | 날짜 | 제목 |
| --- | --- | --- |
| 51 | | |
| 52 | | |
| 53 | | |
| 54 | | |
| 55 | | |
| 56 | | |
| 57 | | |
| 58 | | |
| 59 | | |
| 60 | | |

| 번호 | 날짜 | 제목 |
| --- | --- | --- |
| 61 | | |
| 62 | | |
| 63 | | |
| 64 | | |
| 65 | | |
| 66 | | |
| 67 | | |
| 68 | | |
| 69 | | |
| 70 | | |

| 번호 | 날짜 | 제목 |
| --- | --- | --- |
| 71 | | |
| 72 | | |
| 73 | | |
| 74 | | |
| 75 | | |
| 76 | | |
| 77 | | |
| 78 | | |
| 79 | | |
| 80 | | |

| 번호 | 날짜 | 제목 |
| --- | --- | --- |
| 81 | | |
| 82 | | |
| 83 | | |
| 84 | | |
| 85 | | |
| 86 | | |
| 87 | | |
| 88 | | |
| 89 | | |
| 90 | | |

| 번호 | 날짜 | 제목 |
| --- | --- | --- |
| 91 | | |
| 92 | | |
| 93 | | |
| 94 | | |
| 95 | | |
| 96 | | |
| 97 | | |
| 98 | | |
| 99 | | |
| 100 | | |

| 번호 | 날짜 | 제목 |
| --- | --- | --- |
| 101 | | |
| 102 | | |
| 103 | | |
| 104 | | |
| 105 | | |
| 106 | | |
| 107 | | |
| 108 | | |
| 109 | | |
| 110 | | |

| 번호 | 날짜 | 제목 |
| --- | --- | --- |
| 111 | | |
| 112 | | |
| 113 | | |
| 114 | | |
| 115 | | |
| 116 | | |
| 117 | | |
| 118 | | |
| 119 | | |
| 120 | | |

| 번호 | 날짜 | 제목 |
| --- | --- | --- |
| 121 | | |
| 122 | | |
| 123 | | |
| 124 | | |
| 125 | | |
| 126 | | |
| 127 | | |
| 128 | | |
| 129 | | |
| 130 | | |

| 번호 | 날짜 | 제목 |
|---|---|---|
| 131 | | |
| 132 | | |
| 133 | | |
| 134 | | |
| 135 | | |
| 136 | | |
| 137 | | |
| 138 | | |
| 139 | | |
| 140 | | |

| 번호 | 날짜 | 제목 |
|---|---|---|
| 141 | | |
| 142 | | |
| 143 | | |
| 144 | | |
| 145 | | |
| 146 | | |
| 147 | | |
| 148 | | |
| 149 | | |
| 150 | | |

| 번호 | 날짜 | 제목 |
| --- | --- | --- |
| 151 | | |
| 152 | | |
| 153 | | |
| 154 | | |
| 155 | | |
| 156 | | |
| 157 | | |
| 158 | | |
| 159 | | |
| 160 | | |

| 번호 | 날짜 | 제목 |
|---|---|---|
| 161 | | |
| 162 | | |
| 163 | | |
| 164 | | |
| 165 | | |
| 166 | | |
| 167 | | |
| 168 | | |
| 169 | | |
| 170 | | |

| 번호 | 날짜 | 제목 |
|---|---|---|
| 171 | | |
| 172 | | |
| 173 | | |
| 174 | | |
| 175 | | |
| 176 | | |
| 177 | | |
| 178 | | |
| 179 | | |
| 180 | | |

| 번호 | 날짜 | 제목 |
| --- | --- | --- |
| 181 | | |
| 182 | | |
| 183 | | |
| 184 | | |
| 185 | | |
| 186 | | |
| 187 | | |
| 188 | | |
| 189 | | |
| 190 | | |

| 번호 | 날짜 | 제목 |
| --- | --- | --- |
| 191 | | |
| 192 | | |
| 193 | | |
| 194 | | |
| 195 | | |
| 196 | | |
| 197 | | |
| 198 | | |
| 199 | | |
| 200 | | |

| 번호 | 날짜 | 제목 |
| --- | --- | --- |
| 201 | | |
| 202 | | |
| 203 | | |
| 204 | | |
| 205 | | |
| 206 | | |
| 207 | | |
| 208 | | |
| 209 | | |
| 210 | | |

| 번호 | 날짜 | 제목 |
| --- | --- | --- |
| 211 | | |
| 212 | | |
| 213 | | |
| 214 | | |
| 215 | | |
| 216 | | |
| 217 | | |
| 218 | | |
| 219 | | |
| 220 | | |

note:)

# 초등 매일 공부의 힘 실천법

: 초등 매일 공부 플래너

초판 1쇄 발행 2020년 4월 6일
초판 4쇄 발행 2022년 2월 5일

지은이 이은경
펴낸이 김남전

편집장 유다형 | 디자인 정란
마케팅 정상원 한웅 정용민 김건우 | 경영관리 임종열

펴낸곳 ㈜가나문화콘텐츠 | 출판 등록 2002년 2월 15일 제10-2308호
주소 경기도 고양시 덕양구 호원길 3-2
전화 02-717-5494(편집부) 02-332-7755(관리부) | 팩스 02-324-9944
홈페이지 ganapub.com | 포스트 post.naver.com/ganapub1
페이스북 facebook.com/ganapub1 | 인스타그램 instagram.com/ganapub1

ISBN 978-89-5736-051-4 (03590)



※ 이 도서의 국립중앙도서관 출판시도서목록(CIP)은 서지정보유통지원시스템 홈페이지(http://seoji.nl.go.kr)와
국가자료공동목록시스템(http://www.nl.go.kr/kolisnet)에서 이용하실 수 있습니다.(CIP제어번호: CIP2020012619)